KB159059

군인정신과 군 생활

박균열 지음

21세기사

머리말

　우리는 농담 삼아 "군인정신은 제정신이 아니다"라고 말한다. 군인정신이 자신의 목숨을 바쳐 임무를 수행하려는 것임을 생각해보면 이 말이 틀리지는 않았다. 우리나라는 이러한 군인정신을 의무로서 요구한다. 해도 그만 안 해도 그만 또는 잘 하면 좋고 못해도 그만인 식이 아니다. 자신의 목숨을 바칠 수 있는 군인정신을 윤리학에서는 초과적 의무(supererogatory obligation)라고 한다.

　명령에 의해 즉각 출동하여 5분 뒤에 죽을 수도 있는 군생활이 그리 재미날 수만은 없다. 이런 환경 속에서도 우리 젊은 장정들은 병역 의무를 다하기 위해 매년 수십만 명이 군 생활을 하러 들어가고 또 나오게 된다. 이 기간동안 공동체의식을 배우고 나온다는 의미에서 군대(軍隊)를 군대(軍大,

military college)라고 표현하는 사람도 있다. 하기야 요즈음에는 대학을 다니다 입대했을 경우 군 복무 중에도 인터넷으로 몇 학점 정도를 이수할 수 있다고 하니 맞는 말 같아 보인다.

현재 우리 군은 군인정신의 덕목으로 명예심, 충성심, 용기, 필승의 신념, 임전무퇴의 기상, 애국애족 정신 등을 강조하고 있다. 그런데 덕목을 담고 있는 군인복무규율의 내용을 곰곰이 따져보면 '사생관'과 '책임감'도 추가할 수 있다고 본다.

우리는 이러한 군인정신을 발휘한 군인들을 영웅이라고 칭송한다. 국립묘지 안장, 교과서 등을 통한 추모, 문화·예술 활동 등 다양한 방식으로 현양되고 있다. 최근 한 방송에서 큰 북소리와 함께 등장하는 "한국의 유산"이라고 하는 공익광고는 참 좋은 모티브를 제공해준다. 우리 군의 국군방송에서도 "한국군의 유산"이라고 하는 공익광고를 만들어서, 장소, 인물, 사건 등을 고루 추도하는 노력을 해봄직하다.

간혹 국민들의 가슴을 아프게 하는 일들도 발생한다. 군 내 각종 사건·사고들이다. 무기구매와 같은 방위사업 비리에 연루되어 군 고위급 인사들의 이름이 언론에 거론되면

4

국민의 군에 대한 신뢰도는 급격히 떨어지게 된다. 더욱이 의무복무자의 부모들은 더욱 가슴 아파한다. 또한 병영생활 중에 각종 비인권적 행위와 그로 인한 폭행, 심지어 자살 사건 등은 더 큰 실망감을 안겨준다. 장병들에게 국가를 위해 자신의 목숨까지 바칠 마음자세를 갖추도록 요구하기 위해서는 이러한 병영비리를 척결하고 건전한 병영문화를 정착시키는 데 더 많은 관심을 가져야 한다. 마침 국방부 교육정책관실은 '진중문고 프로그램'을 활용하여 장병들 스스로 건전한 병영생활을 할 수 있도록 좋은 책을 보급하고 있다. 그 사업의 확대시행이 요망된다. 독후감 경연대회 등을 개최해서 그 성과를 확산하는 것도 생각해볼 수 있다. 어느 철학자는 한 시간의 독서면 모든 고통을 잊을 수 있다고 말한 바 있다. 바로 여기에 해당된다.

이 책 『군인정신과 군 생활』은 같이 출판되는 『대한민국과 국군』과 함께 몇 년 전 국방부의 『정신교육기본교재』(2013)를 편찬하는 과정에서 수집한 자료들에 기반한다. 학술성이 높은 것은 아니지만 우리 군과 장병들의 병영생활에 조금이나마 도움이 되고자 하는 마음에서 출판하게 되었다.

이 책에서 인용한 사진과 자료들 중 일부는 인터넷 검색엔진이나 인터넷판 국방일보 기사 등에서 가져왔다. 끝으로 좋은 책을 만들어 준 21세기사에 감사드린다.

2015년 5월
진주 가좌골에서 박균열

목차

제1장

군인의 가치관

가치의 사전적인 뜻은 자기의 감정이나 의지의 요구를 만족시킬 수 있는 성질을 말하며, 가치관은 어떤 사물이나 현상에 대하여 얼마만큼의 가치나 의의를 부여하는가에 대한 각자의 견해를 말한다.[1] 따라서 군인의 가치관이라고 하면 국가수호와 국민보호에 대해 얼마만큼의 가치나 의의를 부여하는가에 대한 군인 각자의 견해라고 할 수 있다. 군인의 가치관

---

1 『철학대사전』, (서울: 교육출판공사, 1981); 이희승, 『국어대사전』, (서울: 민중서림, 2011) 참조. 이 외에도 사전에서 정의하는 '가치'의 개념은 대략 3가지다. ① 어떤 사물이나 현상이 인간의 욕구나 관심의 대상으로서 또는 목적 실현에 얼마만큼 쓸모가 있고 중요한가의 정도, ② 인간의 정신적 노력의 목표로 간주되는 객관적 당위, ③ 인간의 욕망을 충족시켜주는 재화의 정도 등이다.

과 관련하여 대한민국 국군이 수행해야 할 임무는 헌법에 명시되어 있다.[2] 이 헌법 조항은 국군이 국가를 위해서 무엇을 해야 하는지를 정확하게 규정하고 있다. 즉 국군의 임무는 국가수호와 국민보호를 그 어떤 것보다 우선시 하고 이를 위해 필요하다면 생명까지도 내던질 각오가 되어있는 상태라고 할 수 있다. 그런 면에서 보면 군인의 가치관은 군인정신과도 일맥상통하고 군인의 규범과도 일치한다고 볼 수 있다.[3]

여기서 한 가지 짚고 넘어가야 할 부분은 국가수호 및 국민보호라는 군인의 가치와 군이 지향하는 기본적 가치인 평화가 서로 모순되거나 배치되지 않는다는 사실이다. 즉 국가를 수호하고 국민을 보호하면서도 인류의 보편적 가치인 평화 수호에 기여할 수 있고 동시에 자유민주주의 수호에도 적극 기여할 수 있다는 것이며, 그런 면에서 군 정신과도 일치한다는 것이다. 우리나라 국군이 해외에 파병을 하는 이

---

2 대한민국 헌법 제5조 2항: "국군은 국가의 안전보장과 국토방위의 신성한 임무를 수행함을 사명으로 하며, 그 정치적 중립성은 준수된다."
3 박균열, 『국가안보와 가치교육』, (서울: 철학과 현실사, 2004), p.169.

유도 바로 세계 평화에 기여하고 자유민주주의를 수호하는데 기여한다는 차원이라고 볼 수 있다. 이런 면에서 보면 군은 전쟁만을 일삼는 집단이라기보다 오히려 평화를 지키는 데에 더 역점을 두는 집단이며, 역설적이지만 이러한 평화를 보장하기 위해서는 전쟁도 불사하는 평화 수호의 전사 집단이라고 할 수 있다.

대한민국 국군은 국가와 국민으로부터 조국을 수호하고 국민의 생명과 재산을 지키라는 사명을 부여 받았다.[4] 이 사명을 완수하기 위해 일반 사회와는 달리 특수한 형태의 조직과 구성원을 가지게 되었고, 군인으로서의 가치관도 갖추게 되었다.

이에 본과에서는 군의 존재이유와 지향가치, 평화와 전쟁의 관계, 군인의 주요 가치관 등에 대하여 중점적으로 살펴보기로 한다.

---

4 군인복무규율, 제2장 강령, 제4조(강령) 군인의 복무상의 강령은 다음과 같다. 제2항 국군의 사명: "국군은 대한민국의 자유와 독립을 보전하고 국토를 방위하며 국민의 생명과 재산을 보호하고 나아가 국제평화의 유지에 이바지함을 그 사명으로 한다.

1. 안보관련 의식의 체계

안보와 관련된 의식에는 안보의식, 국방정신, 군 정신, 군인정신으로 구분된다. 대체로 안보 학이라고 하는 학문분야가 국방 학이나 군사학보다 광의로 사용되어지는 점을 고려한다면 위계적인 체계를 삼을 수 있으며, '의식'과 '정신'의 구분은 통상적인 쓰임새를 기준으로 구분해 볼 수 있을 것이다. 이렇게 하여 가장 광의의 안보의식에서부터 군인정신까지의 체계를 갖출 수 있다. 안보의식은 모든 국민들이 갖는 국가의 안전보장에 관한 의식이며, 국방정신은 모든 국민 또는 관련된 사람들이 국토방위를 하고자 하는 정신적인 지향성을 말하며, 군 정신은 군대와 직접 관련된 군인이나 군속 등이 지향해야 할 정신적인 지향성을 말하며, 군인정신은 군 정신의 하위 개념으로서 군인이 갖추어야 할 정신을 말한다.

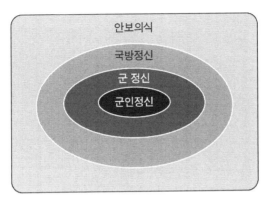

〈안보관련 의식 체계〉

2. 국군의 존재이유와 지향가치

국군은 대한민국의 군대를 말한다. 따라서 국군이 존재이유는 국가의 존속에 있으며, 그 이념형에 해당되는 국군의 지향가치는 대한민국의 이념형인 자유, 평화, 인권이다. 대한민국의 군인의 가치관을 설명하기에 앞서 먼저 두 가지를 확실히 해둘 필요가 있다.

첫째, 국군의 가치관은 군이 지향하는 기본적 가치인 평화수호와 결코 모순되거나 배치되지 않는다는 사실이다. 국군의 가치관을 군인정신으로 표현하고 있는데, 이는 전쟁의 승패를 좌우하는 필수적 요소라고 묘사하기도 한다.[5] 흔히 군인을 물리적 폭력의 관리집단으로 지목하면서 전쟁만을 일삼는 소위 '전쟁집단'으로 오인하는 경우가 있다. 그러나 결코 그렇지 않다. 오히려 전쟁보다는 공동체의 평화를 유지하는 것을 궁극목표로 삼고 있으며, 이러한 평화를 수호

---

5 군인복무규율 제2장 강령, 제4조(강령) 제3항 군인정신: 군인정신은 전쟁의 승패를 좌우하는 필수적인 요소이다.

하기 위해 필요하다면 전쟁도 불사한다는 것을 강조하고 싶다. 그런 면에서 국군은 '전쟁집단'이 아니라 오히려 '평화의 전사 집단'이라고 할 수 있다.

이러한 국군의 평화적 이미지는 우리나라 헌법에도 잘 나타나 있다. 헌법제5조 1항에 보면 "대한민국은 국제평화의 유지에 노력하고 침략적 전쟁을 부인한다."는 부분에서 국제평화주의를 선언하고 있음을 명시하고 있다. 그리고 이러한 헌법정신은 군인복무규율에도 그대로 이어지고 있다. 다만 우리가 국제평화주의를 선언하고 있다고 해서 현행 헌법이 일체의 전쟁을 부인하는 것은 아니다. 오로지 침략전쟁을 부인하고 있을 뿐 외부의 불법적인 공격에 대해서는 이를 단호히 격퇴하겠다는 의지를 분명히 하고 있다. '평화의 전사 집단'이란 이것을 두고 하는 말이다.

한편 우리는 우리나라의 자위에만 머물러 있을 수 없다. 오늘날과 같이 한 나라의 문제가 세계와 긴밀히 연결되어 있는 시대에 한반도의 평화는 동북아 내지 세계평화와 직결되며 한 지역에서의 분쟁이 한반도의 평화에 직접 또는 간접적으로 영향을 미치기 때문에 국제평화에도 기여해야 한다. 그런 면에서 우리나라도 전 세계의 평화를 위해서 많은 파병을 하고 있다. 2010년 11월 현재 한국군이 유엔 PKO 및 다국적군 일원으로 임무를 수행하고 있는 부대는 아이티 단비부대, 소말리아 청해부대, 레바논 동명부대를 비롯하여 유엔 인도·파키스탄 정전감시단, 유엔 그루지야 정전감시단, 유엔 수단 임무단, 유엔 네팔 임무단, 유엔 라이베리아 임무단, 유엔 아프가니스탄 지원단 등 총 14개국 17개 지역이다.[6] 한국군의 파병활동은 지구촌 평화와 안보를 향한 한국의 군사외교이며, 이를 통해 한국군의 이미지를 제고하고 대한민국의 국익을 드높이는데 중요한 역할을 하고 있다. 그야말로 한국군은 평화의 전사 집단 역할을 톡톡히 하고 있는 것이다.

둘째, 국군의 또 다른 존재이유와 지향가치는 자유와 인권의 수호에 있다. 이러한 자유와 인권 역시 전 세계의 모든 사람이 공통적으로 추구하고 지향하는 인류의 보편적 가치

---

6 대한민국 국방부, 『국방백서』, 2010, 제4장 한미군사동맹의 발전과 국방외교 협력의 외연 확대, 제5절 국제평화유지 활동에 기여 부분 참조.

이다. 그런 면에서 국군의 이념은 우리 군의 가치지향점과 군인의 가치관이 세계의 보편적 가치와 일치함을 잘 설명해 주고 있다.[7] 즉 자유민주주의를 수호한다는 가치관이다. 이는 역사적 경험을 통해서도 잘 알려진 사실이다. 고대부터 지금까지의 역사를 통해서 살펴보면 자유와 인권이 가장 잘 보장되었던 체제는 사회주의나 공산주의 체제도 아니요, 군국주의나 전제주의 체제도 아니요 바로 자유민주주의 체제였다는 사실을 잘 알 수 있다. 이에 우리 군도 이러한 보편적 가치를 지키기 위해서 모든 역량을 결집시키고 있다.

　대한민국은 자유민주주의 국가이다. 따라서 군이 국가를 방위한다 함은 대한민국의 국토와 국민은 물론 국가이념과 체제까지도 지킨다는 뜻을 포함한다. 그리고 자유민주주의를 수호한다는 것은 이를 부정하거나 파괴하려는 세력이 존재함을 전제하고 있다. 그렇다면 자유민주주의 이념과 체제

7　군인복무규율 제2장 강령, 제4조(강령) 제1항 국군의 이념: 국군은 국민의 군대로서 국가를 방위하고 자유민주주의를 수호하며 조국의 통일에 이바지함을 그 이념으로 한다.

를 부정하고 파괴하려는 세력은 누구인가? 현존하는 실체는 바로 북한이다. 북한 조선노동당의 규약 전문에는 이렇게 명시되어 있다. "조선로동당의 당면 목적은 공화국 북반부에서 사회주의의 완전한 승리를 이룩하여 전국적 범위에서 민족해방과 인민민주주의 혁명과업을 완수하는 데 있으며, 최종 목적은 온 사회의 주체사상화와 공산주의 사회를 건설하는 데 있다."[8] 그런 면에서 북한군은 2가지를 수행하려는 전쟁 집단이라고 볼 수 있다. 첫 번째의 대내적으로는 통치자인 수령을 결사 옹위하고, 두 번째의 대남 면에서는 '남조선 혁명과 해방'을 내세우면서 '전한반도의 공산화'라는 당과 수령의 정치적 목적을 실현시키려는 무력수단이라고 할 수 있다. 한마디로 평화와는 거리가 먼 전쟁 집단이라고 할 수 있다.

---

8 북한 노동당 규약 서문(2010.9.28, 제3차당대표자회 개정): "조선로동당의 당면 목적은 공화국 북반부에서 사회주의의 강성대국을 건설하며, 전국적 범위에서 민족해방과 인민민주주의 혁명과업을 수행하는 데 있으며, 최종목적은 온 사회를 주체사상화하여 인민대중의 자주성을 완전히 실현하는데 있다." 김용대외 공저, 『북한의 이해와 통일』, (경남: 경상대학교출판부, 2011), p.62에서 재인용

따라서 우리 군은 이러한 집단의 주장에 동조하거나 추종하는 세력으로부터 국가와 자유민주주의를 반드시 수호해야 한다. 그리고 어떤 이유에서든 자유민주주의 체제를 부정하고 폭력혁명을 지향하는 이데올로기와 이를 신봉하는 집단은 평화를 존중하는 자유민주주의와 양립할 수 없다.

3. 평화와 전쟁의 관계

매슬로(Abraham H. Maslow)가 언급했듯이 인간은 본능적
으로 자기 자신을 보호하려는 안전의 욕구를 가지고 있다.[9]
이러한 안전 욕구가 불안하거나 충돌될 때, 개인적으로는
싸움을 하게 되고, 국가 차원에서는 전쟁이 발생된다고 볼
수 있다. 이에 반해 인간 상호간 또는 집단 상호간 충돌이
없고 평온한 상태가 지속될 때 우리는 평화라고 정의할 수
있을 것이다. 평화(푸和)를 한자 그대로 풀이하면 평온하고 화
목한 것을 뜻한다. 평화는 인간집단이나 국가 사이에 전쟁
이 일어나고 있지 않는 상태를 뜻하며, 전쟁의 상대적 개념
으로 쓰인다. 평화에는 풍요, 질서, 평온, 정의 등의 이미지
가 공통적으로 들어있다.

---

9   매슬로(Abraham H. Maslow)의 욕구 5단계 이론(needs hierarchy theory):
    인간은 부족한 존재로 항상 무엇을 원하며, 욕구가 계층을 형성한다.
    생리적 욕구, 안전 욕구, 사회적 욕구, 자기존중 욕구, 자아실현 욕구
    등 5단계가 그것이다.

평화와 전쟁은 자연현상이 아닌 사회현상으로서의 공통점을 가지고 있다. 그러나 전쟁이 집단 또는 국가 간의 관계에서 긴장과 분쟁을 통해 생겨나는 이상상태를 뜻하는데 반해, 평화는 집단관계의 안정된 상태를 뜻한다. 그런데 여기서 전쟁과 평화에 대한 역설적인 묘한 논리가 존재하고 있다. 전쟁은 반가치적임에도 불구하고 때로는 집단관계를 결속시키는 기능을 하고 있어서 정치권력에 반복적으로 이용되고 있다. 이에 반해, 평화는 그 자체가 보편적 정상적 가치를 가지고 있음에도 불구하고 끊임없이 전쟁의 위협을 받으면서 오히려 전쟁을 준비하는 불안정한 상태가 된다는 사실이다.[10] 따라서 전쟁이 없다고 하여 반드시 평화를 뜻하는 것은 아니다. 그런 면에서 전쟁의 반대개념이 아닌 평화의 개념을 염두에 둘 필요가 있다.

평화의 개념은 크게 두 가지로 구분할 수 있다. 첫째는 단순히 집단과 집단 간에 전쟁이 없는 상태의 소극적 평화를 들 수 있고, 둘째는 집단 간의 전쟁을 막으면서 이를 원천적

---

10 박균열 외, 『국가안보와 군대윤리』, (경기: 한국학술정보, 2008), p.100.

으로 없애려는 움직임을 포함하는 적극적 평화의 개념이 그것이다. 국제사회는 국가 간의 이해와 가치관이 서로 달라 끊임없이 서로 대립하고 있으며, 그것은 항상 전쟁으로 발전한 가능성을 내포하고 있다. 따라서 완전한 평화 상태의 국제사회는 존재하지 않으며, 이에 아롱(Raymond Aron)[11]은 평화를 "정치적 단위 사이의 대립 폭력형태가 어느 정도 계속적으로 정지된 상태"라고 정의했다.

적극적 평화의 개념은 상태의 개념을 뜻하는 동시에 운동을 뜻하기도 한다. 실제적으로 안정된 평화를 이루기 위한 적극적 평화의 내용으로는 전쟁 제한으로부터 군비 이외의 방법에 의한 안전보장, 군비축소, 전쟁소멸, 항구적 평화 획득에 이르기까지 여러 발전단계를 포함한다. 그러나 이와 같은 단계를 거쳐 항구적 평화의 이상을 실현하기 위해서는 소극적 평화 속에 내재된 구조적 폭력을 전쟁으로 연결시키

---

11 아롱(Raymond Aron): 프랑스의 정치 사회학자. 1차 대전 때 드골과 협력하여 런던에서 「자유프랑스」지를 편집하였다. 전후에는 자유주의적 입장에서 공산주의 위협에 직면해있는 서구문명을 구제하기 위하여 기독교와 휴머니즘의 가치를 재건할 것을 역설하였다.

지 않고 어떻게 비폭력적으로 제거할 것인가 하는 문제가 뒤따른다. 이처럼 우리나라에서 전쟁을 억제하고 억제 실패 시 전투에서 승리를 목표로 하는 것이 바로 국군이다. 따라서 국군은 근본적으로 평화를 지키기 위한 존재이다.

4. 군의 주요 가치

어떤 조직의 도덕성은 구현될 수 있는 가치덕목을 설정하는 것이 매우 중요하다. 그런데 이러한 가치덕목들은 무엇을 토대로 나오게 되었을까? 여러 가지 배경이 있을 수 있다. 그러한 과정과 관계에 대해 설명할 수 있는 이론으로 레스트(J. Rest)의 4구성요소 모형이 있다. 레스트는 인간이 도덕적인 행위를 하거나 또는 가치 있는 행동을 하는 경우에 있어서, 도덕적 감수성, 도덕적 판단력, 도덕적 동기화, 도덕적 품성(또는 실행력) 등의 4구성요소가 복합적으로 작용하여 행동으로 옮겨진다는 것이다.

〈제임스 레스트의 도덕성 4구성요소〉

	주요내용
제1요소 (도덕적 감수성)	어떤 상황에서 도덕적 반응을 선택하기 위해서는 특정 행동에 대한 빠른 반응과 적절한 사건 설명 능력이 있어야 한다. 즉 개인은 상황적인 정보에 민감하고 다양한 행동들을 구성적으로 상상해야 한다는 것이다. 이것이 공감 능력이다. 일단 사건 발생을 감지한 사람들은 가능한 행동들과 그 결과에 의해서 누가 영향을 받을 것이며 어떻게 반응하는지 생각하게 된다. 도덕적 감수성은 어떤 상황을 도덕적인 문제로 감지하고 그 상황에서 어떠한 행동을 할 수 있으며 그것이 사람들에게 어떠한 영향을 미칠 수 있는가를 상상하게 한다.
제2요소 (도덕적 판단)	요소1과정에서 가능한 행동을 확인하였다면, 요소2의 기능은 그것이 도덕적으로 옳은지 그른지를 판단하는 것이다. 즉 일어날만한 행위의 방향이 결정되면 이제 도덕적 이상 즉 "내가 할 수 있는 많은 일 중 내가 해야만 하는 일은 무엇이며, 도덕법칙이 필요로 하는 일은 무엇인가?"라는 관점에서 행위의 방향을 평가해야만 한다. 제2요소는 우리에게 도덕적 민감성 속에 사회적 규준들과 도덕원리들을 통합시킬 것을 요구한다. 도덕적 판단은 도덕성의 전부가 아니다. 즉 도덕 판단은 우리에게 인간이 얼마나 민감한지 혹은 인간이 그들의 도덕적 이상을 얼마나 실행하는 능력을 가지고 있는지에 관해서 말해주지 않는다.
제3요소 (도덕적 동기화)	도덕적 동기화는 다른 가치보다 도덕적 가치를 우선시하는 것을 말한다. 이는 여러 행동들 중 선택할 만한 매력을 가지고 있을 때 왜 사람들은 도덕적인 선택을 해야만 하는가? 무엇이 다른 가치를 포기하고 도덕적인 가치를 선택하도록 동기화시키는가를 파악하는 것이다. 도덕적 가치만이 사람들이 가지고 있는 유일한 가치가 아니다. 사람들은 쾌락, 승진, 예술, 음악,

주요내용
지위 등과 같은 것을 가치롭게 여길 수도 있다. 이러한 다른 가치들은 선택된 도덕적 가치와 충돌하게 된다. 이 때 중요한 것이 도덕적 동기화이다.

	주요내용
제4요소 (도덕적 품성 또는 실행력)	요소4는 예기치 못한 곤경이나 위험에 빠졌을 때 필요하다. 이것은 방심과 다른 유혹들에 저항할 것을 요구한다. 최종 목적을 마음속에 그리고 계획하는 것은 매우 중요한 일이다. 즉 도덕적 행동으로의 표출을 위해서는 용기를 잃지 않고, 여러 가지의 유혹에 굴복하지 않으며, 눈앞에 있는 목표를 지켜내는 무엇인가를 필요로 한다. 이러한 인내, 굳건함, 능력의 특성들은 우리가 '인격'(character) 혹은 '자아강도' (self-strength)라고 부르는 것들이다.

출처: D. Narvaez & J. Rest, "The Four Component of Acting Morally," In W. M. Kurtines & J. L. Gewirtz, eds., *Moral Development: An Introduction*, Allyn & Bacon, 1995, 정창우, 『도덕교육의 새로운 해법』, 교육과학사, 2004, pp.63-65. 내용 재구성.

군인복무규율에서 제시하는 군인정신은 흔히 명예심, 충성심, 진정한 용기, 필승의 신념, 임전무퇴의 기상, 애국애족 정신 등의 6대 요소로 일컬어진다.[12]

---

12 군인복무규율 제2장 강령, 제4조(강령) 3. 군인정신: "군인은 명예를 존중하고 투철한 충성심, 진정한 용기, 필승의 신념, 임전무퇴의 기상과

군인복무규율과 각 군의 사정을 감안하여 각 군별 가치덕목이 있다. 우선 육군의 경우는 충성, 용기, 책임, 존중, 창의 등을 육군의 5대 가치관으로 정해 놓고 이를 구현하기 위해서 다방면으로 노력하고 있다.[13] 공군의 핵심가치는 도전, 헌신, 전문성, 팀워크 등 네 가지이다.[14] 해군의 핵심가치는 완전한 형태로 정착되지는 않았지만 대체로 명예, 충성, 책임, 용기, 창의, 진취, 그리고 존중으로 요약된다.[15] 해병대의 핵

죽음을 무릅쓰고 책임을 완수하는 숭고한 애국애족의 정신을 굳게 지녀야 한다." 군인정신 6대 요소는 1966년 제정 이래 한 번도 바뀌지 않았다. 하지만 다음과 같은 이유로 인해 개정되어야 한다. 첫째, 충성심과 애국애족의 정신과의 중복성 문제 때문이다. 둘째, 새롭게 제정된 국기법과 그 시행령에 의해 국기에 대한 맹세문이 민족보다는 국가와 국민을 강조하는 방향으로 이미 공포되었기 때문이다. 셋째, 군인 임무의 고도의 위험성으로 인해 생사의 문제에 대한 관점을 형성할 수 있는 사생 관을 추가해야 하기 때문이다.

13 육군정훈공보실, 『참군인의 길』, (육군본부, 2012), p.6.
14 대한민국공군, 공군소개, 공군의 핵심가치 참조.
    http://www.airforce.mil.kr/PA/PAD/PADC_0100.html,
    검색: 2012.12.2)
15 박화노, "해군 가치체계의 현실과 발전방향", 김용삼 외, 『군 가치체계

심가치는 "한 번 해병은 영원한 해병"의 표어로 설정하고, 이를 실천하기 위한 정신으로 단결정신, 애민정신, 인내정신, 임전무퇴 등 네 가지이다.[16]

대체로 각 군의 핵심가치도 군인복무규율의 군인정신 요소를 공통적으로 포함하고 있다. 그런데 군인복무규율을 자구대로 더 넓게 해석해보면 사생 관과 책임감을 추가해서 해석해야 한다. 지금껏 우리 한국군의 군인정신은 이 '6대 요소'로만 알려져 있었는데, 여기서는 군인복무규율의 관련 내용대로 '8대 요소'로 해석하고자 한다. 즉 명예심, 충성심, 진정한 용기, 필승의 신념, 사생관, 책임감, 임전무퇴의 기상, 애국애족의 정신이다.

가. 명예심

명예심이란 외형적으로는 한 인간이 수행한 일의 업적이

나 그가 점하고 있는 지위에 대하여 사회로부터 주어지는 존경의 정도라고 할 수 있으며 내면적으로는 자신이 수행한 일의 성과에 대해 스스로 만족하고 보람을 느끼는 심리적인 태도이다.[17] 결국 명예심이란 온갖 어려움을 무릅쓰고 자신의 이익이나 안전을 희생시키면서도 자신에게 부과된 사명과 임무를 완수한다는 긍지에서 얻어지는 것이다.

특히 전사자에 대한 최고의 예우는 생존 전우에 대한 사기로 연결되어 전투의지를 고양하는 데 중요한 역할을 하게 한다. 영화 〈Taking Chance〉는 하나의 예가 될 수 있다. 2004년 이라크 전에서 숨진 미해병대 일병 펠프스(Chance Phelps)의 시신을 그의 고향집까지 운구하는 스트로블(Michael Strobl) 대령의 실화를 다룬 영화이다. 이 영화는 전사자에 대한 직접적인 예로써 뿐만 아니라 그것을 어떻게 실제 생활

---

17 아리스토텔레스는 "덕(virtue)에 대한 보상으로서 외적으로 주어지는 가치 가운데 최고의 것"이 명예라고 정의하였다. 즉 한 개인이 어떤 덕을 지녔을 때, 예를 들면 진정한 도덕심을 갖추었다든지 탁월한 능력을 지니고 이를 발휘할 경우에 다른 사람들이 그것에 대하여 보내는 찬사가 바로 명예라는 것이다.

에서 실천하느냐의 문제를 동시에 생각하게 해준다.

미 해병대의 일원으로서 이라크 전에 파병되어 임무를 수행하던 챈스 일병은 안타깝게도 19세의 어린 나이에 장렬한 죽음을 맞이하게 되었다. 이역만리에서 조국을 위해 싸우다 목숨을 바친 챈스 일병의 고귀한 죽음 앞에 최고의 예우를 갖춤으로써 그의 숭고한 희생정신과 충성심에 대한 경의를 표하는 의식을 치루기 위해 스트로블 대령은 자청해서 그의 운구를 맡았다. 그 이유는 대령도 챈스 일병과 동향이었기 때문이다.

스트로블 대령은 이라크 파병을 선택할 수도 있었지만 가족들을 생각해서 지원하지 않았다. 그리고 매일 밤 전사자 명단을 확인하면서 혹 자신이 아는 이름이 있을까 걱정하면서 하루하루를 보내던 어느 날 같은 고향 출신이던 챈스 일병의 전사소식을 듣고 그의 운구를 자청했던 것이다.

고향집에서 챈스 일병을 애타게 기다리는 가족들에게 챈스 일병의 시신을 운구하기 위해 대령은 수많은 전우들의 애도 속에 운구행렬을 이끌고 챈스 일병의 고향을 향해 출발했다. 전사한 일병의 시신을 운구하는 대령의 행렬에 대해 모든 사람들은 최대의 경의를 표했다.

챈스 일병의 운구를 담당하는 대령은 시종일관 자신과 전사자의 명예를 위해 일반 공항 검색대가 아닌 개별 검색대를 통과하고, 비행기 시간이 맞지 않았을 때에는 편안한 호텔방 대신 챈스 일병의 관 옆에서 잠을 청하면서 전사자에게 최고의 예우를 다했다.[18]

나. 충성심

충성심이란 국가나 특정 인간 또는 신념에 자기를 바치고 지조를 굽히지 않는 마음가짐 내지 태도를 말한다.[19] 군인의 국가에 대한 충성은 자신의 모든 것, 심지어 목숨까지도 바쳐 국가에 봉사한다는 희생, 헌신의 정신을 의미한다. 이러한 충성심은 애국심과 결합하여 크게는 국가를 위해 헌신하

18 육군본부, 『참군인의 길』, 2012, pp.32-33.
19 고영복 편, 사회학사전, (서울: 사회문화연구소, 2000).; 정치학대사전편찬위원회, 『정치학대사전』, (서울: 아카데미아리서치, 2002), pp.148-151.; 이희승, 『국어대사전』, (서울: 민중서림, 2011). '충성' 참조.

지만 가깝게는 내 전우를 위해 희생하는 희생정신으로도 나타난다. 그런 면에서 한국전쟁 당시 전우를 위해 자신의 몸을 던진 이의용 일병의 애국심과 충성심은 큰 귀감이 되고 있다.[20] 국가에 대한 충성, 임무에 대한 충성, 전우에 대한

20 이의용 일병의 공적내용: 6·25전쟁이 한창이던 1951년 4월, 중공군의 5차 춘계공세 때, 우리의 1사단 15연대 이의용 일병이 속한 대대는 서울 북방 수색 인근에서 강력한 방어진지를 구축하며 대비하고 있었다. 그러나 예상치 못한 시간에 적은 대병력을 동원하여 사단 정면을 공격했고, 연대의 전투전초로 배치되어 있던 이의용 일병은 적을 향해 사격을 퍼부었지만 수세에 몰리게 되었고, 결국은 육박전에서 적의 총검에 찔린 채 10여명의 전우와 함께 중공군의 포로가 되었다. 얼마쯤 끌려가던 도중 갑자기 아군의 포탄이 이동하던 무리의 좌우에 떨어져 중공군이 당황하여 고개를 숙이는 순간에 이의용 일병은 이 기회를 놓치지 않았다. 자신은 부상을 당하여 도피하지 못하지만 전우만이라도 탈출시키겠다는 일념으로 재빨리 적의 옆구리에 있는 수류탄을 빼앗아 안전핀을 뽑기가 무섭게 호 속에 대피하고 있는 전우를 향하여 소리쳤다. "모두 빨리 도망가라! 빨리! 이놈들은 내가 처치할 테니…" 그의 목소리를 들은 전우 10여명은 즉시 그곳을 뛰쳐나갔고 그 순간 이 일병은 쥐고 있던 수류탄을 적병을 향해 던졌다. 그 결과 수류탄에 의해 적은 제압 했지만 이 일병은 미처 몸을 피하지 못해 땅을 가르는 폭음과 함께 산화하고 말았다. 이의용 일병의 희생으로 10여명의 전우

충성, 그리고 애국심이 무엇인가를 보여주는 좋은 사례라고
볼 수 있다.

　군인의 상관에 대한 충성이나 직업적 규범에 대한 충성도
국가에 대한 충성에 위배되지 않을 경우에 한해서 정당성을
가진다. 다만 여기서 경계해야 할 점이 바로 맹목적 애국심
이다. 역사상 많은 사례를 통해 볼 때, 자신의 국가에 대한
비이성적이면서도 맹목적인 애국심을 발동하여 오히려 그
렇지 않았을 경우보다도 더 자신이 속한 국가의 발전과 안
위를 위태롭게 했던 경우가 많았다. 독일의 히틀러가 대표
적인 예라고 할 수 있을 것이다.[21] 군인을 '군복 입은 시민'으
로 간주하는 독일은 나치군대의 악몽을 되풀이하지 않기 위
해서 병사들에게 '올바른 충성'을 할 것을 가르치고 있다. 이
것은 맹목적 충성심을 경계하는 좋은 사례라고 볼 수 있다.
매년 7월 20일 베를린 국방부 청사에서 열리는 충성서 약식

　들은 그날 밤 무사히 본대로 복귀할 수 있었다. 육군정훈공보실,
『참군인의 길』, (육군본부, 2012), p.20-21. 참조.
21　박균열, 앞의 책, pp.189-190.

은 그런 교육의 상징이다. 이때 신병들은 "독일연방공화국에 진실하게 봉사하고 독일 국민의 법과 자유를 용감하게 수호할 것"을 맹세하게 된다.[22]

우리 군인에게 있어서 올바른 충성이란 국가에 대한 충성, 상관 및 부하에 대한 충성, 그리고 자기 자신에 대한 충성이 서로 상충하지 않는 충성을 행하는 것이다. 이것은 군인이 매우 높은 도덕성과 윤리의식을 갖추어야 한다는 것을 의미한다. 왜냐하면 일신의 안위와 영달을 위해 행하는 잘못된 충성이나 불성실한 복무태도 등은 올바른 충성의 길이 아니기 때문이다.

다. 진정한 용기

용기는 "씩씩하고 굳센 기운", "사물을 겁내지 않는 기개[23]"로 정의된다. 용기는 대의를 위한 분별력 있는 정신적

---

22 국방부 국방교육정책관실, 『정신교육 기본교재』, (서울: 국방부, 2008), p.350.
23 이는 분별력이 있어 미혹당하지 않는 지혜로운 사람을 지자(智者)라고

인내력이기에 진정한 용기는 대의나 정의와 불가분의 관계 속에 있다는 것이다. 분별없는 객기나 정의와 상관없는 과격한 행동은 만용에 불과한 것이다. 그리고 시기와 장소, 대상을 가리지 않고 무분별하게 발휘하는 용기 또한 진정한 용기가 아니다. 용기는 정의를 지키고 정의로운 싸움에서 승리를 얻는 과정에서 발휘되어야 한다. 불의와 부정 앞에서는 유혹과 타협을 단호하게 물리칠 때 진정으로 용기 있는 사람이 되는 것이다.

고대 희랍의 철학자 소크라테스는 인간자신의 중요함을 일깨워준 유명한 철학자이다. 그는 실제 아테네의 군인으로서 펠로폰네소스 전쟁 기간(BC 431~404) 중 세 차례나 전쟁에 참여했다. 37세 때 포티다이아 전투에 참여했으며, 45세 때 델리온 전투, 47세 때 암피폴리스 전투에 참전했다. 이러한 실천하는 철학자 소크라테스에 대해 사변철학의 궤변만을 내세우다 뜻을 이루지 못하고 마지막까지 자신의 고집을 꺾

하고, 근심 걱정 없는 어진 사람을 인자(仁者)라 하며, 기개가 있어 두려워하지 않는 사람을 용자(勇者)라 칭한 공자의 말에서 비롯된 것이다.

지 못하고 독배를 마시게 되었다는 비판은 적절치 못하다. 플라톤의 『향연』(219d-221c)에서 알키비아데스는 펠로폰네소스 전쟁 중에 목격한 소크라테스의 용맹함을 묘사하고 있다. 포티다이아로 원정가기 전에 군이 포위가 되었지만 누구보다도 배고픔을 잘 참았던 일, 추위가 지독한 날, 아무도 밖으로 나가려 하지 않을 때, 맨발로 얼음 위를 누구보다도 수월하게 걸어갔던 일, 전투 중에 상처 입은 알키비아데스를 목숨을 무릅쓰고 구해준 일이나 델리온 전투에서 패전하여 후퇴할 때, 누구보다도 결연한 군인의 행동으로 방어를 하며 후퇴했던 일 등이다. 이러한 소크라테스의 면모는 국가를 명령에 죽고 사는 용기 있는 군인상을 보여주고 있다.[24]

군인에게 있어서 진정한 용기는 항상 명령과 규율 아래서 발휘되어야 하며, 죽음을 무릅쓰고 자기의 책임 또는 목표

---

24 윤영돈, "소크라테스적 시민성과 시민불복종", 『윤리교육연구』, 제4집, 한국윤리교육학회, 2003, pp.96-105; 윤영돈, "군대윤리의 관점에서 본 정신전력 제고 방안", 『국방연구』, 55(3), 2012, p.84.

를 달성하는 데서 그 참된 가치가 발휘된다. 이러한 용기를 발현한 참군인 이 있다. 이원등 상사가 그 주인공이다. 이 상사는 1959년 공수기본 6기를 수료하고 1공수여단에서 임무를 수행하던 중 1966년 2월 4일 한강 고공침투 훈련 당시 동료 전우의 낙하산이 산개되지 않아 추락하는 것을 목격하고 지체 없이 항공기에서 이탈, 동료에게 접근하여 동료의 낙하산을 산개시켜주고 자신은 한강 얼음 위로 추락하여 순직하였다. 그가 순직한 제2한강교 북단에 동상이 세워져 있으며, 부대에서는 매년 1월 1일, 동상을 방문하여 그의 넋을 기리고 있다. 국가보훈처에서는 이원등 상사를 2011년 2월 '이달의 호국인물'로 선정한 바 있다.

라. 필승의 신념

신념이란 "굳게 믿어 의심하지 않는 마음"이다. 이는 어떤 일을 함에 있어 그것을 성공적으로 이루어 낼 수 있다고 굳게 믿는 일종의 자신감이다. 그래서 신념이 있는 사람은 행동을 할 때 주저함이 없고 우유부단하지 않으며, 뒤로 물러

서지 않는다. 남의 평판에 좌우되지 않고 눈치를 살피지도 않는다. 그리고 자신이 옳다고 믿는 바를 소신 있게 해나간다. 물론 여기서 "자신이 옳다고 믿는 것"은 정의(正義)에 기초를 두어야 한다.

군인은 항상 예기치 않은 시기에 급습하는 전쟁을 위하여 존재한다. 그러므로 군인은 언젠가는 전투를 해야 하며, 전투에 임하게 되는 한 반드시 이겨야 한다. 그것이 군인의 존재 이유다. 그것이 또한 필승의 신념인 것이다.

마. 사생관

군인 개인적 차원에서의 핵심가치는 확고한 사생관이라고 할 수 있다. 모든 인간은 태어나서 반드시 죽는다. 그러나 군인의 죽음은 일반인의 그것과는 매우 다르다. 군인은 일반 민간인과 달리 그 사명인 국토방위를 완수하기 위해서 죽음을 무릅써야 하는 것이니 언제나 죽음과 더불어 살고 있는 것이다. 그래서 흔히 군인에게 군복은 수의(壽衣)라고 한다. 그러므로 확고한 사생관은 군인 생활의 기본철학이 되어야 한다. 이순신 장군이 명량대첩을 앞두고 부하들에게 했던 말로 유명한 필사즉생 필생즉사(必死則生必生則死, 죽기를 각오하고 싸우면 이길 것이요, 살려고 비겁하면 반드시 죽는다)라는 말과 안중근 의사가 남긴 마지막 필적인 위국 헌신 군인본분(爲國獻身軍人本分, 나라를 위해 목숨을 바치는 것이 군인의 본분이다)라는 말도 군인의 사생 관을 극명하게 드러내준다.

이러한 사생 관을 견지한 군인들이 있다. 357 참수리호의 영웅들이다. 제2연평해전은 우리나라가 월드컵에서 사상 처음으로 4강에 진출해 터키와 3-4위전 경기가 예정되어 있던 2002년 6월 29일, 북한 경비정이 우리 고속정 357호정을 향해 의도적인 선제공격을 감행함으로써 발생했다.

북한의 악의적 기습공격에 참수리 호는 정장 윤영하 소령 등 6명의 장병이 전사하고 통신실 등 중요한 지휘체계에 손상을 입었지만, 우리 장병들은 조건반사적인 전투행동과 불굴의 투혼으로 적의 도발에 응징했다. 곧바로 우리 측 인근 고속정과 경비중이었던 초계함 등이 교전에 가담해 북한 경비정을 향해 대응사격을 가했다.

10시 43분. 우리 해군의 집중포격을 받은 북한 경비정은

퇴각을 시작했고 교전결과, 북측은 경비정의 외부 갑판이 대부분 파괴되었다. 전·사상자 역시 30여명 이상인 것으로 파악되었다. 반면 기습공격을 받은 우리 측은 전사6명, 부상 18명의 피해를 입었다.

북한 경비정의 동태를 예의 주시하다가 적의 기습공격에 숨을 거둔 정장 고 윤영하 소령, 조타 장으로 교전 당시 끝까지 조타기를 잡고 있었던 고 한상국 중사, 숨을 거두는 순간까지 발칸포 방아쇠를 쥐고 있었던 고 조천형 중사, 고 황도현 중사, M60사수로서 자신의 몸을 은폐하기도 힘든 갑판에서 응전사격 중 산화한 고 서후현 중사, 의무병으로 부상당한 전우를 위해 동분서주 하던 중 피격을 당하여 3개월여의 투병생활 끝에 끝내 꽃다운 청춘을 바친 고 박동혁 병장, 교전 후 다리를 절단할 만큼 심각한 부상을 입었음에도 불구하고 정장을 대신해 부하들을 독려했던 이희완 중위, 왼쪽 손가락이 모두 잘려나간 상태에서도 한 손으로 탄창을 갈아 끼우며 대응 사격을 멈추지 않았던 권기혁 상병. 그들은 진정한 우리 영웅들이다.[25]

어떠한 사람을 막론하고 보람 있는 삶을 원하지 않는 사람은 없을 것이다. 하지만 이 보람된 삶을 바쳤느냐 바치지 못하였느냐 하는 것은 그 사람이 어떠한 죽음을 하였느냐에 달려있다고 해도 과언이 아니다.[26] 모든 사람은 결국에는 죽음이라고 하는 생물학적 정지 상태를 맞이하게 된다. 각 나라별로는 그 나라의 장례문화에 따라 묘지의 형태도 각양각색이지만 국가를 위해 순국했을 경우에는 국가가 운영하는 국립묘지에 안장될 수 있다. 그래서 사람들은 그들의 숭고한 죽음을 세세 영원히 기억하면서 그들의 의로운 죽음을 헛되지 않도록 기념한다.

바. 책임감

책임감이란 부여된 임무를 잘 완수하려고 하는 정신자세이다. 고 정재훈[27] 중위는 학군27기로 임관하여 의무복무 군

---

25 육군본부, 『참군인의 길』, 2012, pp.20-21.
26 육군본부, 『한국의 군인정신(장교교재)』, 1981, p.207 참고.
27 故 정재훈 중위는 1965년 서울에서 태어나 단국대 법학과를 졸업한 뒤 1989년 학군27기로 임관했다.

인으로서 책임완수의 귀감이 된다. 그는 숨이 막혀오고 의식이 희미해져가는 절체절명의 순간에도 자신의 생명보다 주어진 임무와 부하를 먼저 생각한 훌륭한 군인이었다.

| 육군22사단 신병교육대대에 건립된 故 정재훈 중위의 동상에 장병들이 참배하며 고인의 넋을 기리고 있다. 원 안은 고인의 생전 모습

고 정 중위는 22사단 1990년 3월 12일 육군 22사단 쌍호부대 13중대에서 1소대장 임무를 수행하며 이듬해 3월 12일 작전지역 일대에서 이뤄진 연대전술훈련평가에 참가했다. 훈련 5일차인 1990년 3월 16일, 훈련 중 너비 150m의 강원 고성

북천 강을 도하하던 부대원 김모 상병 등 2명이 골재 채취로 강 바닥에 생긴 웅덩이에 빠지면서 비극은 시작됐다. 익사 위기에 처한 부하들을 발견한 정 중위는 망설임 없이 강으로 뛰어들었고 사력을 다해 부하들을 구해냈다. 하지만 결국 자신은 강에서 빠져나오지 못한 채 순직하고 말았다. 향년 25세였다.

당시 고인이 소속됐던 13중대의 중대장이었던 윤인섭(대령) 경희대 학군단장(당시 대위)은 "물에 빠진 병사들을 보자마자 주저 없이 강으로 뛰어들던 그 모습, 자신의 하나밖에 없는 목숨을 바친 그 희생정신을 잊지 못한다"며 "아직도 내 마음 속에는 상급자에게 충성을 다하고 부하들을 진심으로 사랑한 1소대장 정재훈 중위로 남아 있다"고 고인을 회고했다.[28]

사. 임전무퇴(臨戰無退)의 기상

싸움에 임해서는 물러섬이 없어야 한다. 신라시대 화랑의

---

28 『국방일보』, 2012.6.12.

세속오계(世俗五戒)에도 나오는 말이다.[29] 전쟁터에서 물러설 경우 전우들의 안위는 물론이거니와 부여받은 자신의 임무를 완수하지 못하게 된다.

여기 청년 해병 전우가 있다. 바로 해병대 임준영 상병이 그 주인공이다. 2010년 11월 23일 14시 30분경, 종종 있었던 사격훈련과는 다른 굉음이 들리기 시작하며 순식간에 연평도 하늘에는 시커먼 연기가 피어올랐다. 산에는 불길이 일었고 섬 곳곳의 가옥은 부서졌다. 연평부대의 상황은 더 바빴다. 북한 개머리해안으로부터 집중포격이 연평부대에 가해지고 있었다. 어느 누구라도 침착하게 대응하기 어려운 긴박한 상황이었다.

그러나 포7중대의 임준영 상병은 부여된 임무절차에 따라 침착하게 상황에 대처했다. 임상 병은 즉각 대응사격을

---

29 신라(新羅) 진평왕(眞平王) 때 승려 원광국사(圓光國師)가 화랑(花郎)에게 일러 준 다섯 가지 계율(戒律)을 말한다. 事君以忠(나라를 섬김에 충성으로서 하라), 事親以孝(부모를 섬김에 효성으로서 하라), 交友以信(친구를 사귐에 믿음으로서 하라), 臨戰無退(전쟁에 나가서는 물러나지 말라), 殺生有擇(산목숨을 죽임에 가려서 하라)

위해 K-9자주포를 포상에 위치시켜야 한다고 생각하고 포탄의 화염 속으로 달려들었다. 폭발로 인한 뜨거운 화염에도 불구하고 임상병은 오직 임무를 완수해야 한다는 생각뿐이었다.

| 해병대 임준영 상병

하지만 북한군 포격이 빚어낸 화염은 임 상병을 휘감았고 철모 외피에 불이 붙어 철모는 타들어 갔다. 급기야 불길은 철모의 턱 끈을 타고 내려 왔다. 턱 끈과 전투복이 불길로 까맣게 그을렸지만 임 상병은 대응사격에 여념이 없었다. 철모가 타들어가고 입술 위쪽에 화상도 입었지만, 연평도를

사수하고자 했던 임 상병의 임전무퇴의 기상은 꺾이지 않았
다.[30]

아. 애국애족의 정신[31]

우리 군인의 가치관 중 국가적 차원의 핵심가치는 애국심
이다. 왜냐하면 군인에게 있어서 제일 중요한 대상이 국가
이기 때문이다. 또한 군인으로서의 자신의 존재 근거 역시
국가를 수호하는 데서 찾을 수 있기 때문이다. 이처럼 중요
한 국가를 수호하기 위해서 군인은 국가에 대한 강한 애착
심을 가지는 것이 필요하다. 이것이 애국심이다.

한편 이 애국심의 의미와 관련하여 역사적으로 거슬러 가
보면 다소 복잡한 면도 있다. 즉 자기가 속한 집단과 향토에
대한 애착은 고대로부터 있어 왔으나 그것이 애국심이라는
형태를 취한 것은 르네상스 이후 민족국가가 출현한 데에서

---

30 대한민국해군, 『내 마음 속의 SEA STAR』, 2010, pp.217-218.
31 애국애족의 정신은 국기법과 그 시행령의 입법취지에 맞게 '애국심'으
　로 해석하는 것이 맞다고 본다.

시작되었다. 즉 민족국가가 성립하고 교황의 영향력에서 벗어난 강력한 왕권이 확립되자, 국왕에 대한 충성을 이끌어 내기 위해 애국심은 유용한 도구가 되었다. 따라서 애국심은 처음부터 세계주의와 대립되는 개념으로 출발했는데 20세기에 들어와 극단적인 국수주의와 결합하면서 무서운 파괴력을 드러냈다. 군국주의 일본과 나치즘의 독일, 파시즘의 이탈리아에서 통치자들은 그들의 정략적 목적을 위해 애국심을 조작했는데, 그 방법은 첫째, 역사를 조작하여 그들의 과거를 미화하고, 둘째, 게르만 민족의 순수한 피를 강조하는 등의 방법으로 그들 민족의 우수성을 역설하였으며, 셋째, 타민족을 그들과 비교할 수 없는 열등민족으로 규정하는 것 등이었다. 제2차 세계대전 이후에는 제국주의의 사슬에서 벗어난 제3세계의 많은 국가들이 또다시 정치적 목적으로 애국심을 이용했는데, 이 경우의 애국심은 독재자의 정치적 목적에 도구화되거나 강대국 사이에서 살아남기 위한 생존의 전략으로 기능하기도 했다.

　이러한 역사적 배경에도 불구하고 군인에게 있어서 애국심은 가장 숭고하고 핵심적이라 할 수 있다. 군인이 국가를 사랑하는 것은 자신의 존재 근거를 확보하기 위한 것이기 때문이다. 결국 군인에게서의 애국심은 자기애의 출발점이요 귀결점이라고 할 수 있다.

이러한 애국심과 관련하여 우리 군에서 참으로 귀감이 되는 군인이 있었다. 지난 2010년 3월, 전투기를 갓 몰기 시작한 후배를 훈련시키기 위해 직접 F-5 전투기 후방 석에 탑승했다가 불의의 사고로 순직한 고 오충현[32] 공군 대령이 그 인물이다. 고 오충현 대령은 20여 년 동안의 전투기 조종사 경험을 바탕으로 현장에서 솔선수범하는 책임감이 투철한 군인이었다. 그는 대대장으로 부임한 이후 부하들의 전투기량을 향상시키기 위해 거의 매일 전투기에 올랐고, 비행훈련 중 순직한 첫 번째 비행대대장이었다. 1992년 그는 순직한 동료의 장례식에 다녀온 뒤 일기를 썼다. 마치 18년 후 자신에게 닥쳐올 일을 예견하기라도 하듯 자신의 유언처럼 일기

---

32 우리나라 공군사관학교를 수석 졸업한 고 오대령은 2,792시간의 비행 기록을 보유한 대한민국 최고의 베테랑 조종사였고, 축의금 봉투에는 항상 '대한민국 공군중령 오충현'이라고 쓸 만큼 자부심이 강한 군인이었다. 순직 후 그는 대령으로 추서되었다.

를 적었다. 그의 애국심은 그가 순직하기 전 그의 일기장을 통해서 알 수 있다.[33]

---

33 고 오충현 대령의 1992년 12월 9~11일(수~금) 일기 원문: "엄청 추움 후 Rain Snow. 동료의 장례식장에서 돌아오며 몇 가지 생각난 것이 있었다. 먼저 내가 죽는다면 우리 가족, 부모 형제, 아내와 자식들은 아들과 남편, 아버지로서 보다 훌륭한 군인으로서의 나를 자랑스럽게 생각하고 담담하고 절제된 행동을 보였으면 한다. 장례식은 부대장(葬)으로 하고 유족들은 부대에 최소한의 피해만 줄 수 있도록 절차 및 요구 사항을 줄여야 한다. 또 각종 위로금의 일부를 떼어서 반드시 부대 및 해당 대대에 감사의 표시를 하고, 진정된 후에는 유족의 이름으로 부대장에게 감사의 편지를 보내주면 좋겠다. 더욱이 경건하고 신성한 '조국의 아들'의 죽음을 맞이하여 돈 문제로 마찰을 빚는다면 참으로 부끄러운 일일 것이다. 무슨 일이 있어도 돈으로 인해서 대의를 그르치지 말아야 하겠다. 장례 도중이나 그 이후라도 내가 부모의 자식이라고만 여기고 행동해서는 안 된다. 조국이 나를 위해 부대장(葬)을 치르는 것은 나를 조국의 아들로 생각해서이기 때문이다. 가족은 이 말을 명심하고 가족의 슬픔만 생각하고 경거망동하는 일이 없도록 해야 할 것이다. 오히려 나로 인해 조국의 재산과 군의 사기가 실추되었음을 깊이 사과할 줄 알아야 하겠다. 나는 나의 위치와 임무가 정말 진정으로 중요하고 막중함을 느꼈고, 나는 어디서 어떻게 죽더라도 억울하거나 한스러운 것이 아니라 오히려 자랑스럽고 떳떳하다는 것을 확신한다. 군인은 오직 충성, 이것만을 생각해야 한다. 세상이 변하고

| 故 오충현 공군대령의 일기장

오 대령의 일기를 읽은 국민들은 "가슴이 아려온다… 현세에 신선한 충격… 오랜만에 뜨거운 눈물을 흘렸다… 이 같은 군인이 있기에 대한민국이 존재할 수 있는 것…" 등 수많은 답글로 그의 명복을 빌고 존경을 표시했다. 그리고 그와

타락해도 군인은 변하지 말아야 한다. 우리의 영원한 연인 조국을 위해서 오로지 희생만을 보여야 한다. 결코 조국은 우리를 배반치 않고 우리를 사랑하기 때문이다." 『국방일보』, 2012.10.8.

같은 군인들이 보이지 않는 곳에서 묵묵히 사명을 완수하고 있다는 사실에 커다란 위안을 받았다고 말했다.[34]

우리 군인의 애국심은 조국을 찬양하고 아끼며 그를 쳐다보고 기뻐하며 감격하는 것만을 의미하지 않는다. 그것을 침략자들로부터 지키고 조국 대한민국의 영예와 존엄을 위하여 싸우고, 크고 강하고 부유하게 발전시켜 나가기 위해 자신의 모든 것을 바치는 것을 동시에 의미한다. 군인은 조국의 오늘을 지키고 내일을 개척하는 이러한 헌신을 통하여 조국을 사랑하고 조국에 복무하는 것이다.

지금까지 군인의 가치관과 관련하여, 군의 존재이유와 더불어 군이 지향해야 할 가치가 무엇인지 살펴보았다. 이에 국가적 차원의 애국심과 충성심, 군인 개인 차원의 확고한 사생관, 그리고 이들의 함양을 위해 중요한 역할을 하는 덕목이 필승의 신념, 명예심, 용기 등이 핵심적 가치임을 알게 되었다. 그리고 이러한 덕목은 하루아침에 형성되는 것이 아니라, 끊임없는 노력과 인내심, 그리고 자신에 대한 성찰

---

34 "국군의 달에 다시 보는 우리 시대 참군인", 『국방일보』, 2012.10.8. 시사안보. 참조

이 이루어질 때 조금씩 형성되는 것이다. 따라서 우리는 평소에 교육훈련과 내무생활 등 병영생활 속에서 이와 관련된 덕목들을 행동화함으로써 체득되도록 노력해야 할 것이다.

또한 우리가 왜 군복을 입고 입는지에 대한 존재론적 의미와 함께 대한민국 국인이 지향하는 이념과 사명을 명확히 인식하고, 나아가 우리 군에서 군인정신의 귀감이 되는 인물들을 항상 마음속에 되새기도록 해야 할 것이다. 동시에 국군의 존재 이유는 국민의 생명과 재산을 보호하는 것이고, 군의 지향가치는 전쟁을 위한 것이 아니라 평화를 지키기 위한 것이며, 인류 보편적 가치인 자유와 인권을 수호하기 위한 것이라는 사실을 명심해야 한다. 이를 위해 필요하다면 전쟁도 불사하는 정신 그것이 군인의 가치관이라 할 수 있다. 이런 면에서 군은 평화를 수호하는 전사의 집단이라고 할 수 있다.

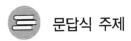
문답식 주제

1. 군대는 어떤 존재이고, 무엇을 지향하는가? 전쟁과 평화의 대비되는 조건 속에서 비교설명

군대의 존재이유는 국민의 생명과 재산 보호에 있다. 군의 지향가치는 자유, 평화, 인권의 수호에 있다. 이 둘은 얼핏 상호 모순 또는 배치되는 것처럼 보일 수 있다. 즉 국민의 생명과 재산을 보호하기 위해서는 타 국가 또는 타 집단과의 갈등이나 전쟁이 불가피할 수도 있다는 것이다. 군인의 가치관은 군이 지향하는 기본적 가치인 평화수호와 결코 모순되거나 배치되지 않는다. 흔히 군을 물리적 폭력의 관리집단으로 지목하면서 전쟁을 일삼는 소위 '전쟁집단'으로 오인하는 경우가 있다. 그러나 결코 그렇지 않다. 오히려 전쟁보다는 공동체의 평화를 유지하는 것을 궁극목표로 삼고 있으며, 이러한 평화를 수호하기 위해 필요하다면 전쟁도 불사하는 집단이 군대이다. 그런 면에서 군은 '전쟁집단'이 아니라 오히려 '평화의 전사 집단'이라고 할 수 있다. 이러한 군의 평화적 이미지는 우리나라 헌법에도 잘 나타나 있다. 헌법 제5조 1항에 보면 "대한민국은 국제평화의 유지에 노력하고 침략적 전쟁을 부인한다."고 하여 국제평화주의를 선언하고 있다. 다만 우리가 국제평화주의를 선언하고 있다고 해서 일체의 전쟁을 부인하는 것은 아니다. 오로지 침략전쟁을 부인하고 있을 뿐 외부의 불법적인 공격에 대해서는 이를 단호히 격퇴하겠다는 것이다. '평화의 전 사집단'이란 이것을 두고 하는 말이다.

2. 전쟁과 평화는 어떤 관계라고 생각하는가?

평화와 전쟁은 자연현상이 아닌 사회현상으로서의 공통점을 가지고 있다. 그러나 전쟁이 집단 또는 국가 간의 관계에서 긴장과 분쟁을 통해 생겨나는 이상상태를 뜻하는데 반해, 평화는 집단관계의 안정된 상태를 뜻한다. 그런데 여기서 전쟁과 평화에 대한 역설적인 묘한 논리가 존재하고 있다. 전쟁은 반가치적임에도 불구하고 때로는 집단관계를 결속시키는 긍정적 기능을 하고 있어서 정치권력에 반복적으로 이용되고 있는데 반해, 평화는 그 자체가 보편적 정상적 가치를 가지고 있음에도 불구하고 끊임없이 전쟁의 위협을 받으면서 오히려 전쟁을 준비하는 불안정한 상태가 된다는 사실이다. 따라서 전쟁이 없다고 하여 반드시 평화를 뜻하는 것은 아니다. 그런 면에서 전쟁의 반대개념이 아닌 평화의 개념을 염두에 둘 필요가 있다.

3. 우리나라 군인에게 요구되는 바람직한 가치는 무엇인가?

우리나라 군인에게 요구되는 바람직한 가치로서 국가차원에서의 핵심가치는 애국심과 충성심이 있다. 군인에게 있어서 제일 중요한 대상은 국가이다. 왜냐하면 국가가 없는 군대가 없고 군대가 없는 군인이 없기 때문이다. 또한 군인으로서의 자신의 존재근거 역시 국가를 수호하는 데서 찾을 수 있다. 이처럼 중요한 국가를 수호하기 위해서 군인은 국가에 대한 강한 애착심을 가지는 것이 필요하다. 이것이 애국심이다. 다음은 충성심이다. 충성이란 국가나 특정 인간 또는 신념에 자기를 바치고 지조를 굽히지 않는 마음가짐 내지 태도를 말한다. 군인의 국가에 대한 충성은 자신의 모든 것, 심지어 목숨까지도 바쳐 국가에 봉사한다는 희생, 헌신의 정신을 의미한다. 이러한 충성심은 애국심과 결합하여 크게는 국가를 위해 헌신하고 가깝게는 내 전우를 위해 희생하는 희생정신으로도 나타난다.

한편 개인적 차원에서의 주요 가치관으로는 확고한 사생

관이 있다. 모든 인간은 태어나서 반드시 죽는다. 그러나 군인의 죽음은 일반인의 그것과는 매우 다르다. 군인은 일반 민간인과 달리 그 사명인 국토방위를 완수하기 위해서 죽음을 무릅써야 하는 것이니 언제나 죽음과 더불어 살고 있는 것이다. 그래서 흔히 군인에게 군복은 수의(壽衣)라고 한다. 그러므로 확고한 사생관은 군인 생활의 기본철학이 되어야 한다. 그리고 이 군인의 핵심가치인 확고한 사생 관을 정립하는데 중요한 역할을 하는 가치관으로 필승의 신념, 명예심, 용기 등을 들 수 있다.

4. 바람직한 군인의 가치를 군 생활 중에 어떻게 실천할 것인가?

바람직한 군인의 가치는 하루아침에 형성되는 것이 아니다. 끊임없는 노력과 인내심, 그리고 자신에 대한 성찰이 이루어질 때 조금씩 형성되는 것이다. 이를 보다 세부적으로 살펴보면, 역사 속의 인물 중 모범적 군인의 가치관을 심도 깊게 분석, 숙지하고 그들의 모범적 사례를 모델로 삼아 일상생활에서 사소하고 작은 것에서부터 실천하고 닮아가도록 노력하는 것이 중요하다. 그리고 매월 또는 매분기마다 이러한 롤모델 활동을 정기적으로 또한 우리는 평소에 교육훈련과 내무생활 등 병영생활 속에서 이와 관련된 덕목들을 행동화함으로써 체득시키도록 노력해야 할 것이다.

〈읽기자료〉 김영옥 대령

| 미국 역사상 최고 전쟁영웅으로 선정된 김영옥 대령

김영옥(金永玉, 1919년 ~ 2005년 12월 29일)은 재미 교포인 미국 군인이다. 미군에서 최초로 유색인종으로 대대장을 지냈고, 전쟁 영웅으로 불린다. 최종 계급은 대령이었다. 김영옥은 1919년 로스앤젤레스에서 아버지 김순권과 어머니 노라 고 사이에서 4남 2녀 중 위로 누나 한 명이 있는 장남으로 태어났다. 아버지인 김순권은 이승만 대통령이 미국에서 독립운동을 하던 시절 하와이에서 출범시킨 대한인동지회의 북미총회의 일원으로, 항일 운동가였다. 누나인 윌라 김은 뮤지컬 의상디자이너가 되어 토니상을 두 차례 수상했다.

김영옥은 벨몬트 고등학교를 졸업하고 로스앤젤레스 시립대학에 들어갔지만 1년 후 자퇴하고 갖가지 직업을 전전하였으나 인종차별이 심했던 당시 사회에서 살아남기는 힘들었다. 제2차 세계 대전이 발발하고 육군 모병소를 찾아갔으나 같은 이유로 거절당했지만, 1941년 아시아계도 징집대상으로 포함되는 법이 미국 연방의회에 의해 제정되어, 입대 영장을 받은 김영옥은 22세의 나이로 미국 육군 병사로 입대하였다.

제2차 세계 대전 후 미국은 하와이에 거주하던 일본계 2세들로 100대대를 창설한다. 이 부대는 속칭 '니세이 부대(= 世部隊)'라고도 불렸고, 뒤에 일본계 미국인들로 구성된 442 연대전투단의 1대대로 편입되었다. 사실 100대대는 하와이의 젊은 일본계 이민자들이 일본의 침략에 협조하여 사보타주 등을 행할까봐 두려워 사실상 인질로 삼은 것이었다. 이 조치는 일본계 미국인들을 수용소에 감금한 정책의 연장선이었다고 할 수 있다. 당시 장교후보생 학교를 나와 장교가 되어 있던 김영옥은 한국계가 아닌 일본계로 분류되어 이 100대대에 배치되었다. 한국인과 일본인이 사이가 좋지 않음을 알고 있던 대대장의 전출 제의에도 불구하고 그는 이곳에 머무르기로 결정하고 100대대 B중대 2소대장을 맡았다.

이후 미 5군에 배속되어 이탈리아 전선에 투입된다. 그들을 훈련시킨 장교(초기 지휘관은 모두 백인 장교였다)는 말할 것도 없고, 미국인으로 인정받기를 원했던 일본계 병사들이 실전 투입을 원했기 때문이었다. 이탈리아 볼투르노 강 전투에서 무공을 세웠으며, 특히 엄폐물이 전혀 없는 평지에 대낮에 단둘이 침투해, 독일 군을 잡아 정보를 빼냄으로서 로마 함락에 큰 공을 세웠다. 이후에도 기상천외한 전략으로 독일의 방어선이었던 구스타프 라인과 고딕 라인의 붕괴에 혁혁한 공을 세웠다. 이탈리아 전선 참전 후에는 남프랑스에 투입되었다. 브뤼에르와 비퐁텐느란 두 마을의 해방에 앞장섰으며, 이 중 남프랑스의 비퐁텐느의 교회 벽에는 그의 이름이 새겨져 있고, 마을 노인들도 그를 전쟁영웅으로 부르고 있다. 이 마을에서는 "까피텐 김"(김 대위)으로 불린다. 비퐁텐느의 전투에서 큰 부상을 입고, 1944년 말에 로스앤젤레스로 돌아와 휴식을 가졌다. 이후 유럽으로 돌아가려 하는 찰나, 유럽에서의 전쟁이 끝났다.

제2차 세계 대전 후 로스앤젤레스에서 세탁소를 운영하던 김영옥은 한국 전쟁이 발발하자 1951년 대위 계급으로 군에 복귀했다. 한국인 유격대인 배내대 유격대를 지휘하며 정보 수집 임무를 수행했다. 배내대 유격대는 흥남 철수 때 남쪽으로 내려온 피난민 중에서 선발한 유격대였다. 이 임무를 마친 후 김영옥 대위는 7 보병사단 31연대의 정보참모가 되었다. 1951년 4월, 31연대가 소양강을 건너 17연대와 임무 교대하자마자, 중국군의 춘계 공세가 개시되었다. 31연대는 다시 소양강을 건너 철수했는데, 김영옥 대위에게 미군 및 한국군의 철수를 엄호하기 위해 인제군 계운동 계곡의 다리를 지키라는 명령이 내려졌다. 전차 1개 소대를 이끌고 완전히 후퇴할 때까지 최소한 몇 시간을 버티라는 명령을 받았다. 전차 소대를 다리 남쪽에 세워 놓고 김영옥 대위는 후퇴하던 중대급 한국군 보병들을 멈춰 세운 후, 그들과 함께 임시 방어선을 구축하여 후퇴를 무사히 마칠 수 있도록 지원했다.

1951년 10월, 김영옥 대위는 소령으로 진급하고 1대대 대대장이 되었다. 당시 미국에서 유색인종으로 백인 병사들을 지휘하는 보병대대장이 된 사람은 미군 역사상 김영옥 소령이 최초였다. 그만큼 김영옥 소령이 능력을 인정받고 있었다. 하지만 이미 31연대장 맥카프리 대령의 지시로 5월 23일부터 실전 경험이 없던 대대장을 대신하여 실질적으로 부대를 지휘하고 있던 터였으므로 이 조치는 형식적인 것에 불과했지만, 미국에서 유색인종 최초 대대장이라는 수식어는 현재도 남아 있다. 1951년 5월 무렵, 31연대의 사기는 최악이었다. 1950년 12월, 장진호 전투에서 해병대와 함께 흥남으로 철수하면서 연대장까지 전사하는 등 큰 패배를 당한 후유증에서 벗어나지 못했던 것이다. 김영옥 대위가 대대를 실질적으로 지휘하게 되면서 제일 먼저 착수한 것은 병사들의 사기 고양이었다. 구만산·탑골 전투에서는 전진하기를 주저하던 병사들을 권총으로 위협하기도 했고, 금병산 전투에서는 총탄이 빗발치는데 팔짱을 끼고 태연히 돌아다니며 엄폐물에 숨어 총만 높이 들어 마구잡이 사격을 하는 병사들을 독려하는 등, 자기 목숨을 내놓고 노력했다. 이런 노력에 힘입어 부대 사기는 다시 올라갔고, 그가 담당한 구역은 처음과 달리 5월 31일 이후 다른 대대들과 달리 북쪽으로 불쑥 솟아오른 형태가 되었다. 같은 해 6월, 철의 삼각지대에서 아군의 오인 포격으로 중상을 입은 김영옥 대위는 일본의 오사카로 후송되어 치료를 받고, 8월 27일에 다시 전선에 복귀했다. 그 후 10월에 소령으로 진급하고 은성무공훈장 및 동성무공훈장을 수여받고, 정식으로 1대대장으로 임명되었다. 하지만 새로 부임한 연대장이 병사들을 무리하게 전투에 내모는 것에 반대했고, 그 때문에 1952년 9월에 미국으로 귀국했다.

김영옥이 미국에서 존경받는 것은 전쟁에서 공로 때문만은 아니었다. 한국전쟁 때부터 김영옥은 여러 사회 봉사활동을 해온 것이 인정을 받았고, 그로 인해 존경받게 된 것이다. 보병대대장으로 근무하던 김영옥은 부대 군목이었던 샘 닐이 고아 몇 명을 데려오자, 직접 고아원을 설립하여 그곳에서 고아들을 보호하도록 했다. 또 재정 면에서도 지속적으로 지원하여 그들을 지원했다. 휴가를 나가는 병사들에게 위문품을 들고 고아원을 방문하여 고아들과 어울리도록 했다. 이는 고아원을 도울 뿐 아니라, 병사들에게도 도움이 되었다. 김영옥의 대대 장병들은 자기 봉급에서 1~2달러씩 갹출하기도 했다. 이런 경험은 한국전쟁 이후에도 지역 사회에서 사회봉사활동을 계속하게 하는 바탕이 되었다. 로스앤젤레스의 한인건강정보센터, 한미연합회, 한미박물관 등이 김영옥의 노력으로 탄생한 단체이며, 인종 차별 철폐 운동과 미국에서 가정 폭력을 당한 아시아계 여성들을 위한 "아시안 여성 포스터 홈"을 건설했다. 이런 노력으로 대한민국 정부의 국민훈장모란장과 한국방송공사의 KBS 해외동포상을 수상했다. (Daum 백과사전)

제2장

군인의 명령과 복종

명령과 복종은 군대를 지탱하는 버팀목이다. 군대의 조직은 명령과 그것에 대한 복종으로 작동되기 때문이다.[35] 따라서 명령권자는 명확하게 명령을 하달해야 하고 수명 자는 그것에 적극적이고 긍정적으로 호응하는 복종심이 필요한 것이다. 케이저(Nico Keijzer)는 '명령에 대한 복종은 그것 없이는 군대 조직이 그 기능을 발휘할 수 없게 되는 하나의 규범'이라고 말했다.[36]

'신 레드라인', '라이언 일병 구하기', '위 워 솔저스', '전우'와 같은 전쟁 영화를 보면 상관의 명령은 절대적이다. 총알

---

35 김진만·박균열, 『군대와 윤리』, (서울: 양서각, 2010), p.408.
36 Nico Keijzer 저, 조승옥·민경일 편역, 『군대 명령과 복종』, (서울: 법문사, 1994), p.73.

이 비 오듯 쏟아지고 포탄이 쉴 수 없이 작열하는 가운데 '공격 앞으로!'라는 지휘관(자)의 명령 한마디에 모두가 참호를 박차고 돌격을 한다. 그리고 죽음을 무릅쓰고 마침내 임무를 완수한다. 이렇게 치열한 전투상황에서 지휘관(자)의 명령 한마디에 죽음을 무릅쓰고 적진으로 돌진하는 이유는 무엇인가?

지휘관(자)이 내리는 명령은 개인적인 명령이 아니라 국가와 국민을 지키기 위한 충정을 대신하는 것이므로 누구도 거역할 수 없다. 따라서 군인이라면 목숨까지도 버릴 각오로 명령을 이행해야만 한다.

분대장, 소대장이나 중대장과 같은 상관들도 마찬가지이다. 자신의 명령으로 때로는 부하들은 물론 자신도 죽을 수 있다는 것을 잘 알고 있다. 그렇지만 국가를 지키기 위해서는 부득이 부하들을 사지로 나아가라는 전투명령을 내릴 수밖에 없는 것이다. 평소 군에서 명령에 대한 복종의 요구는 평시에 즉각적인 복종의 실천을 통해 전투에서도 즉각적으로 복종하는 습성을 몸에 배이게 하기 위한 것이다. 명령과 복종은 군대가 조직으로서의 정체성을 인정받게 하는 존재

이유인 것이다. 따라서 군 조직에서 직속상관의 명령이 얼마나 소중한 것이고 그에 부응하는 복종이 얼마나 중요한 것인지에 대한 바른 인식이 요구된다.

1. 군대 조직의 특수성

가. 임무완수를 최우선으로 하는 조직

모든 사회는 조직을 가지고 있다. 조직이란 어떤 기능을 수행하기 위해 일정한 질서를 유지하면서 협동해 나가는 체계이다. 군대조직의 특수성 중 대표적인 것이 바로 임무완수를 최우선시 하는 조직이라는 사실이다. 물론 군 전체의 포괄적인 임무는 국민의 생명과 재산을 보호하는 것이다. 그러나 이 거대한 임무를 달성하기 위해서는 다시 세부적인 중간 임무가 주어진다. 이를 위해 군대 조직의 각 구성원들은 각자의 계급과 직책에서 최선을 다하게 된다.

1년 365일을 단 하루도 거르지 않고 수백 명에 달하는 부대원들의 세 끼 식사를 준비해야 하는 취사병. 그것도 누구보다 일찍 새벽 4시면 기상해 식사를 준비해야 하기 때문에 군대 내에서 소위 3D 업종의 하나라고 불린다.

취사병 연기호(24, 육군맹호포병부대) 병장은 자신의 임무에 대해 다음과 같이 말했다. "일반 장병들의 임무가 경계나 훈련이라면 우리 취사병들은 밥을 제공함으로써 장병들에게 임무를 완수할 수 있는 체력을 유지시키고 있습니다. 따라서 전우들이 맛있게 식사하면 내 마음도 흥겹지만 식사하면서 안색이 좋지 않을 때는 마치 전쟁에서 진 것 같은 기분이 듭니다. 따라서 밥이 곧 전투력이기 때문에 우리도 매일 전투를 하는 셈입니다."[37] 군에서 각각 맡은 계급과 직책은 달라도 수행하고 있는 임무의 중요성은 차이가 없다는 것이다.

6·25 전쟁이 발발. 서울을 빼앗기고 한강에서 방어진을 구축하고 있던 6월 29일, 당시 극동군 사령관 더글러스 맥아더 장군은 전쟁 상황을 파악하기 위해 전선을 방문했다. 장군은 한강 방어선에 배치돼 있던 신동수(당시 22세) 일등병에게 "자네는 언제까지 여기서 적과 싸울 것인가"라고 질문하자, "명령이 있을 때까지 이 진지를 지키겠습니다."라고 대답했다. 이에 "만약 적을 막아내지 못하게 되면 어떻게 하겠는가"라고 재차 물으니 병사는 "죽기를 각오하고 싸우겠습니다."라고 대답했다. 이 답변은 맥아더 장군에게 깊은 감명을

---

37 『국방일보』, 2005.7.15.

주었고, 이것이 미국을 비롯한 유엔군이 참전하는 결정적인 계기가 됐다.[38]

이와 같은 전투원의 마음 자세가 전쟁의 승패를 좌우하게 된다. 따라서 군대는 어떤 극한 상황에서도 임무를 완수할 수 있도록 규율이 강조된다. 우리는 전쟁에서 승리하기 위해 명령에 대한 복종을 병영생활 속에서 습성화하고 있다. 그렇기 때문에 아무리 민주주의가 발달한 나라일지라도 군대만은 엄격한 상명하복의 위계질서를 준수토록 하고 있는 것이다.

이렇게 군 복무를 통해 명령과 규범에 대한 준수가 체질화된 우리 군인은 사회에 나가서도 민주시민으로서 각종 법규를 자발적으로 준수하려는 마음가짐을 견지하고 있다.

38 『국방일보』, 2004.10.20.

나. 명령에 대한 절대적인 복종을 강조하는 조직

군대사회에서 명령과 복종의 개념은 아무리 과학 무기가 발달한 시대라 하더라도 전쟁억제와 전쟁승리라는 군대의 존재목적이 바꾸지 않는 한 조금도 변함이 없다. 어느 나라 군대이든 군대는 외부의 침략으로부터 국가를 보위하고 국민의 생명과 재산을 보호하기 위해 필요시에는 공인된 무력을 사용한다. 이러한 이유로 군대조직은 사회의 다른 조직과는 성격이 다른 특수한 조직으로 인정되어 왔다. 군대는 어느 시대를 막론하고 군사력을 통한 무력공권력이 효과적으로 사용될 수 있도록 명령과 복종이 강조되는 철저한 계급사회를 이루고 있으며, 법규에 의해 엄격한 규율로 통제되는 것이다. 이와 같이 우리가 몸담고 있는 군대는 사회와는 다른 명령에 의해 움직이는 특수한 조직체인 것이다.

미군들은 임무와 의무를 자랑스럽게 생각한다. 또 전사자들에게는 '의무를 다한 미국의 아들딸'로서 최고 예우를 부여한다. 오늘날 미군이 전 세계에서 제일 강한 군대가 된 것은 바로 보이지 않는 가운데 엄수되는 이와 같은 복종심 때문이라고 할 수 있다.

군대가 만일 '명령에 대한 절대복종' 대신 '합리적인 절차와 과정' 만을 중시한다면 어떠한 결과가 나올지 상상해 보면 쉽게 이해가 될 것이다. 즉, 전장상황에서 상관이 진지사수나 돌격을 명령했을 때 이 명령이 과연 타당한가에 대한 토론을 하거나 투표절차를 거친다면 결론이 나기도 전에 적의 공격으로부터 막대한 피해를 입게 될 것이 자명하다.

다. 엄격한 규율로 전투력을 유지하는 조직

전통 연(鳶)을 날릴 때 연줄을 끊어버리면 연은 하늘 높이 올라가는 것이 아니라 땅으로 곤두박질을 친다. 이렇듯 규제가 없는 자유는 방종이고 방종은 개인이나 조직체의 발전을 저해하기 때문에 학교나 회사, 보이스카우트 등의 단체들은 모두가 나름대로의 규율을 정하여 구성원들로 하여금 이를 준수하게 하고 있다.

규율은 개인의 자유를 억제하는 것 같지만 그것들이 없다면 조직체는 혼란에 빠지게 된다. 우리 군의 경우 병영의 질서와 군대라는 조직을 유지시키기 위해 그 어떤 기관이나 단체보다 엄격한 수준의 규율을 요구하고 있다. 규율이란 집단생활이나 사회생활을 하는데 필요한 행동규칙을 말한다. 이 규율은 군인에게 있어서는 기본 바탕이며, 조직생활을 유지시키는 필수적인 요소가 된다.

군 직무란 개인의 이해관계가 없고 임무를 수행함에 있어서 신체적 위험과 심신의 고통·피로가 수반되기 때문에 자율성만으로는 군의 질서유지와 임무수행이 어렵다. 따라서 조직이 요구하는 질서와 통제를 이탈하지 못하도록 강제하는 것도 필요하다.

군대와 같은 특수하고 거대한 조직이 유기체와 같이 일사불란하게 살아 움직이려면 각 구성원들의 자발적인 참여와 협조는 물론이고 엄격한 군율과 강력한 신상필벌이 뒷받침되는 통제도 필요하다. 조직체의 혼란을 막기 위해 개인의 자유를 억제하는 규율의 필요성이 여기에 있다.

특히 군대는 무력을 다루는 집단이면서 다양한 환경에서 성장한 장정들이 모여 사는 조직으로서 병영질서와 조직을 유지하기 위해 다른 어느 조직보다도 매우 엄격하게 규율에 대한 준수를 요구하고 있다.

군이 그 기능을 수행하기 위해 하위제대는 상급제대의 명령에 절대적으로 복종해야만 한다. 그러므로 아무리 민주주의가 발달한 나라일지라도 군인은 엄격한 상명하복의 위계조직으로 구성되며, 목숨까지 바쳐서라도 명령에 복종해야 하는 것이 여타 사회와 근본적으로 다름을 분명하게 이해해야 한다.

라. 단결과 협동이 중시되는 조직

아프리카 초원에 살고 있는 얼룩말은 강한 이빨이나 날카로운 뿔이 없는 연약한 초식동물에 불과하지만 맹수들의 공격을 받으면, 서로 머리를 맞대고 둥그렇게 서서 뒷발을 휘두르며 맞서기 때문에 맹수들을 물리치고 종족을 보존할 수 있다.

우리 군대에서는 동물의 세계보다 단결과 협동이 몇 배나 더 중요시된다. 우리 속담에 "백지장도 맞들면 가볍다"는 말이 있다. 단결과 협동의 중요성을 강조한 말이다. 단결과 협동은 궁극적으로 조직의 목표달성을 위해 조직원의 노력을 결집하는 것으로 개개인의 작은 힘이 합쳐지면 놀라운 위력을 발휘하게 된다.

이러한 단결과 협동은 평소 상호신뢰와 존경의 인간관계를 형성함으로써 부대 임무달성의 기초가 되는 동시에 전시에는 골육지정의 전우애를 발휘케 하여 전투라는 극한 상황에서 승리를 이루는데 결정적으로 기여하게 된다.

그러면 왜 군대사회는 단결과 협동이 강조되는가. 그것은 군의 직무성격과 관계가 있다. 혼자서 이리 저리 뛰면서 전쟁을 하는 람보 영화는 어디까지나 오락물이지 전쟁과 전투의 실상이 아니다. 이런 1인 전쟁은 아주 옛날 말을 탄 장수끼리 싸워서 이기는 편이 전쟁에 승리하던 때나 가능했을 것이다.

조직의 규모가 방대하고 복잡해지고 무기나 장비가 정교해 짐으로써 이의 운영과 관리에 있어서 각 분야에 많은 전문가가 있어야 하며, 직무가 말단에까지 분업화된 현대군대에 있어서 조직 구성원들 간의 단결과 협동은 군의 직무수행과 전투력 발휘에 있어서 매우 중요한 요소가 되고 있는 것이다.

복잡 다양한 전장 환경에서 전투원과 비전투원, 전투부대와 지원부대, 상급부대와 하급부대, 육·해·공군 등 다양한 병과와 군이 효과적으로 통합되고 협력해야 승리를 쟁취할 수 있기 때문이다.

마. 무한한 희생과 헌신이 요구되는 조직

희생이란 남을 위해 자신의 목숨이나 재물 또는 권리를 포기하는 일을 말한다. 우리 군에는 부하 장병들의 안위를 위해 자신의 목숨을 거침없이 희생하는 진한 전우애의 전통이 내려온다. 교과서에도 실리고 동상까지 건립된 강재구 육군 소령이 대표적이다.

강 소령은 수류탄 투척 훈련 도중 한 사병이 실수로 수류탄을 중대원들 사이에 떨어뜨리자 몸으로 덮어 장렬히 산화했다. 강 소령의 희생으로 대규모 참사가 벌어지는 것을 막을 수 있었다. 위기의 순간 자신보다는 전체 부대원의 안위만을 생각한 숭고한 희생정신을 발휘한 것이다.

강 소령 외에도 68년 베트남전 수색 작전 중 적군이 던진 수류탄을 가슴에 안고 숨진 이인호 해병 소령 등 고귀한 희생정신으로 무장한 군인의 전통은 면면히 이어지고 있다.[39]

2011년 8월 28일 오후 12시경 한강 포구를 경계하는 육군 초소 백모 일병이 초소 시야를 가리는 제초작업을 하던 중 물에 빠졌다. 함께 있던 임성곤 병장이 곧바로 물에 뛰어들었고, 백모 일병을 구한 뒤에 임 병장은 급류에 휩쓸렸다.

4시간 동안 수색 작업을 벌였지만, 결국 임성곤 병장은 숨진 채 발견되었다.

임성곤 병장은 전역을 2주 앞두고 있었던 말년 병장이었다. 홀어머니를 모시고 살다가 군에 입대해서 열심히 군 생활을 하던 임 병장은 대대에서도 칭찬받는 모범 병사였지만 부하를 구하고 싸늘한 죽음으로 홀어머니 곁으로 돌아갔다.[40]

---

39 『중앙일보』, 2011.8.29.
40 『아이엠 피터』, 2011.8.28.

군대사회는 국가보위를 위해서 군 조직뿐만 아니라 개인에게도 끊임없는 희생과 헌신이 요구된다. 군대는 일반 사회와 달리 개인의 자유와 선택이 제한된다. 군에 입대한다는 것은 일상적이었던 사회적 자유의 제한을 의미한다. 우리 장병들은 각기 복무기간 동안 병영생활을 지속하면서 개별행동이나 외출, 외박, 심지어는 휴가까지도 통제될 수밖에 없다.

모든 것을 국가목표 구현과 국가이익을 위해서는 국내뿐만 아니라 전 세계 전쟁과 분쟁지역에서 목숨을 걸고 임무를 수행하기도 하고, 국가안보에 위급한 사안이 발생할 경우는 휴가 중일지라도 부대를 복귀하여 임무를 수행하여야 한다. 작전임무 수행을 위해서는 수십일 동안 수색, 매복 등에 투입되는 등 국가를 위해서는 고통을 감수해야 하고 때에 따라서는 자신을 희생하여야 한다.

군인에게 있어서 전투는 '국가보위'와 '국민보호'를 결정짓는 최후 수단이므로 전투임무를 수행할 경우에는 밤낮을 가리지 않고 임무를 수행할 때도 있고 총알이 빗발치는 전장에서 자신을 희생하더라도 작전을 승리로 이끌 수 있도록 해야 한다.[41] 이러한 희생적인 헌신이야말로 일반사회에서는 볼 수 없는 군대만의 특수성이며, 엄격한 통제를 통해서만 확보될 수 있다.[42]

41 국방부, 『정신교육기본교재』, 서울: 이화산업, 2008, p.326.
42 국방부, 『국군정신교육교본』, 서울: 대한교과서주식회사, 1993, p.511.

2. 군인 행동의 규범적 근거

가. 군인은 왜 군대규범을 지켜야 하는가?

규범이란 하나의 조직에 있어서 이상과 목적을 달성하기 위해 성원들에게 요구하는 규칙과 원칙을 말한다. 군인에게 요구하는 규범이 특수한 이유는 군 직무가 여타 직업의 직무와 현저히 다른 점을 지니고 있다는 점과 군인의 생활하는 활동공간이 병영이라는 특수지역에서 이루어지고 있다는 점으로부터 찾을 수 있다.

흔히 군을 가리켜 국가방위의 최후 보루라고 말한다. 이는 군의 역할이 국가의 존망과 직결되기 때문이다. 그런데 이 최후 보루로서의 군대의 중심 요소인 도덕성이 타락하게 된다면 국가의 장래에 적지 않은 위험을 초래할 수 있다. 그러므로 군인은 공직자들이 지켜야 하는 모든 윤리규범을 한층 더 잘 준수해야 한다.

나. 명령과 복종은 군대 기본 규범

군인이 준수해야 하는 규범은 여러 가지가 있겠지만, 그 핵심은 명령에 대한 복종이다. 국가에서 법을 제정해 국민들로 하여금 이를 준수하게 하는 것은 국가가 달성하고자 하는 이상과 목적을 순조롭게 달성하기 위해서이다. 같은 논리로 군이 일정한 규범을 만들어 군인들로 하여금 준수하게 하는 것도 군의 이상과 목적을 순조롭게 달성하기 위한 것이다.[43]

군 조직의 이상과 목적은 무엇인가? 그것은 국가를 외부의 침략으로부터 보호하고, 전쟁이 일어났을 때 기필코 전쟁에서 승리함으로써 국민의 생명과 재산을 보호하는 것, 이것이 군대의 존재 이유인 것이다.

그렇다면 군대 조직의 이상과 목적은 당연히 국가 보위와 전쟁에서의 승리가 되어야 함을 알 수 있다. 전투에서 명령

---

43 군인의 명령에 대한 복종의 문제에 대한 윤리학적 논의는 다음 참조: 이민수, 『전쟁과 윤리: 도덕적 딜레마와 해결방안의 모색』, 철학과현실사, 1998, pp.158-165.

과 복종은 승리의 기본 전제조건이다. 전장이라는 특수상황에서 명령과 복종의 규범이 지켜지지 않는 다면 과연 전투 임무 수행이 가능할 것인가?

1) 명령과 복종

임병래 해군 중위는 1950년 4월 소위로 임관했다. 그는 인천상륙작전을 위한 특수공작대의 조장으로 영흥도 작전에 참가했다. 임중위와 대원들은 북한 군관을 납치해 중요한 군사첩보를 획득, 보고함으로써 인천상륙작전을 성공으로 이끄는데 결정적 공헌을 했다.

그러나 안타깝게도 그는 50년 9월14일 공작대의 활동을 탐지한 북한군 1개 대대의 공격을 받고 대원들은 먼저 탈출시켰으나 자신은 적에게 포위당하고 말았다. 그리고 자신이 포로가 될 경우 연합군의 상륙작전에 심대한 영향이 미치게 될 것을 우려해 권총으로 자결했다.[44]

---

44 정부는 그에게 1계급 특진과 을지무공훈장을 추서했으며 미국 정부도 은성훈장을 추서했다.

만약 임중위가 포로가 돼 상륙작전에 대한 정보가 사전에 누설됐더라면 230여 척의 함대와 7만여 명이 참가한 인천상륙작전은 성공하지 못했을 것이고 우리는 6·25전쟁에서 패했을지도 모른다.

제4땅굴 입구 왼쪽을 보면 작은 무덤 한 개가 자리해 있다. 이 묘의 주인은 육군21사단 소속 군견 '헌트'(독일산 셰퍼드) 소위. 헌트는 1990년 3월 4일 제4 땅굴 소탕작전 때 북한군이 설치해 놓은 목함 지뢰를 밟고 그 자리에서 산화, 1개 분대원의 생명을 구했다. 이러한 공로를 인정받아 군견으로는 처음으로 소위 계급에 추서됐다.[45] 비록 인간과 같은 감정과 인지 수준을 갖고 있지 않은 군견이라 할지라도 명령에 대한 복종의 임무자세는 높이 존중받아 마땅하다. 헌트 소위의 동상은 정면이 아닌 북쪽을 응시하고 있다. 언제나 명령에 따라 북쪽에 대한 경계를 늦추지 말라는 의미를 담고 있는 것이다.

45 『국방일보』, 2011.2.14.

| 군견 헌트 소위의 동상

군대의 임무는 조직을 통해서 그 업무들을 수행해야 할 사람들에게 분배된다. 그러나 이 업무들의 수행은 어느 한 사람의 힘에 의해서만은 결코 이루어질 수가 없다. 업무를 수행하는 사람들 간의 의사전달이 반드시 필요한 것이다. 상위 직책에 있는 사람이 어떤 과업의 수행에 대하여 책임이 있다면, 자신의 의사가 전달되고 이행될 것이라는 사실과 하위 직책 사람들에게 복종을 요구할 수 있다는 사실을 전제하지 않고서는 결코 업무 수행에 대하여 책임질 수가 없을 것이다.

더구나 전시상황에 있어서는 지휘관의 명령에 대한 절대적인 이행이라는 확신이 없이는 어떠한 작전이나 계획도 세울 수 없을 뿐만 아니라 군대의 기능 자체가 마비되고 말 것이다. 따라서 명령에 대한 복종은 그것 없이는 군대 조직이 제 기능을 발휘할 수 없는 규범으로서 충성과 더불어 군대 윤리의 초석이 아닐 수 없다.

그러나 이 말이 어떠한 명령에 대해서도 무조건적으로 복종해야 한다는 것을 의미하는 것은 아니다. 왜냐하면 명령의 성립요건을 충족시키지 못하면 명령은 참다운 명령이라 할 수 없기 때문이다. 군에서의 명령의 성립요건이란 국가와 국민적 차원의 이익과 가치에 위배되지 않아야 한다. 따라서 모든 상관 명령의 절대복종 원칙에도 불구하고 국가와 국민 전체의 이익 및 가치를 위해서는 냉철한 판단이 필요하다. 이는 평소에 매사 명령 복종의 태도가 전제되어야 하며 국가와 국민의 가치 앞에 자신의 불이익을 감수하는 자세가 필요하다. 그런 면에서 6.25전쟁 당시 차일혁 총경(육군 대위에서 경찰 총경이 됨)의 행위는 명령 복종의 중요한 기준이 되고 있다.

| 1950년 당시의 차일혁 총경 |

우리는 간혹 '상관이 하는 말은 모두가 명령이다'는 말을 듣는다. 그러나 이 말은 명령의 개념을 지나치게 확대 해석한 것이다. 상관은 부하에게 어떤 일을 권장하거나 충고할 수도 있고 부하에게 지식의 의견을 제시할 경우도 있으며, 부하와 상의하거나 부하에게 부탁하는 경우도 있을 것이다. 이런 것들이 모두 명령인 것은 아니다.

권고나 충고 또는 상의나 부탁은 비록 상관의 말을 통해 전달된 것이긴 하되 결코 명령이라고 할 수는 없다. 상관의 모든 말을 명령으로 취급해야 하느냐 하는 것은 매우 중대한 문제를 제기할 수는 있다. 왜냐하면 부하의 어떤 행위에

대하여 '항명죄'나 '명령위반죄'로 처벌할 것인지의 여부를
결정함에 있어서 결정적인 고려사항이 되기 때문이다.

2) 명령의 요건과 이에 대한 복종의 중요성

우리에게 먼저 필요한 논의는 명령의 정확한 개념에 관한
것이다. 명령이란 무엇인가? 명령은 다음의 네 가지 요건을
갖추어야 한다. 첫째, 명령이란 상관이나 상급 직위 자에 의
해 특정한 행위를 행하거나 행하지 못하도록 명시하는 구체
적인 의사전달이다. 예를 들면 소대장이 제1분대장에게 "제
1분대는 오늘 밤 자정까지 현 위치를 고수하라"라고 말했을
때 이는 분명한 명령이다. 하급자가 행해야 할 사항을 명확
하게 지시하고 있기 때문이다.

그러나 막연히 "당직근무를 충실히 하라"거나 "보초근무
를 규정대로 하라"는 식의 지시는 명령이라고 보기 어렵다.
수명 자가 분명치 않을 뿐만 아니라 훈시나 훈계처럼 행해
야 할 내용이 무엇인가 구체적으로 명시되고 있지 않기 때
문이다.

둘째, 명령은 그 내용이 수명 자(受命者)에게 명백히 전달되

어야 하는 의사전달이다. 명령의 내용이 분명하지 못해 수명 자가 어떻게 해야 할지 망설이게 하거나 자의적(恣意的)으로 해석하여 이행하게 해서는 안 된다. 복명복창이 군대에서 강조되는 까닭이 여기에 있다. 전달 수단이나 형식은 중요하지 않다. 명령은 어떤 수단으로 전달되든지 수명 자가 이해할 수 있으면 된다. 예를 들면 몸짓, 손짓, 신호탄 또는 투명지나 지도상의 기호 등으로도 표시되고 전달될 수 있다.

셋째, 명령은 상관이나 상급 직위 자에 의해서 내려진다. 명령을 내릴 권한이 있는 사람에 의해서 그 명령에 복종할 의무가 있는 사람에게만 내릴 수 있는 것이다.

넷째, 명령은 복종을 요구하는 의사전달이다. 하급자의 복종을 통해 시행되지 못할 의사전달이라면 명령이라고 할 수 없다. 단순한 권고나 의견제시, 또 그것의 실행여부를 하급자의 판단에 맡기는 의사전달 등이 명령이 아니며 단순한 법령 해석도 명령이 아니다.

이러한 명령이 구비해야 할 요건을 토대로 군인복무규율 제19조에서는 명령을 다음과 같이 정의하고 있다. "명령이라 함은 상관이 부하에게 말하는 직무상의 지시를 말하며,

발령자의 의도와 수명자의 임무가 명확하고 간결하게 표현되어야 한다."

명령의 요건 가운데 하나로서 다른 무엇보다도 중요한 것은 복종을 요구하는 의사전달이라는 것이다. 복종을 통한 실행이 전제되지 않는 명령이란 무의미하기 때문이다. 그러나 명령이 복종을 요구하는 의사전달이라고 해서 이에 복종해야 할 의무가 아무런 규제도 없이 하급자에게 생겨나는 것은 아니다.

발령자가 복종을 강제할 실질적 수단, 상벌 수단을 갖고 있거나, 복종을 요구하는 법령이나 규정 등의 행위규범이 있을 경우에야 하급자의 복종을 기대할 수 있다. 이 때 행위규범이 법 규범이라면 그 명령은 법적 구속력이 있는 명령이 된다. 물론 명령에 대한 하급자의 복종에 있어서는 법적인 강제력이 가장 큰 동기가 되겠지만, 그러나 그것만이 복종으로 이끄는 유일한 동기는 아니다.

상관의 솔선수범이나 명령이 발해진 상황이나 여건 등도 큰 동기가 될 수 있다. 명령의 실행이라는 측면에서 본다면, 법적 강제력에 의해서 마지못해 수행되는 경우보다는 자발적이고 능동적인 복종에서 비롯되는 명령 수행이 그 효과나 의미에 있어서 훨씬 나은 것임은 두 말할 필요가 없을 것이다.

그러나 일반적인 의미에서 볼 때, 하급자가 상관의 명령에 복종해야 하는 가장 강력한 근거는 상급자의 명령에 복종하지 않을 경우 이에 대한 처벌 규정에 있다고 하겠다.

군형법 제44조 및 제47조는 명령에 반항하는 경우 및 위반하는 경우에 대한 처벌 규정들을 다루고 있다. 그렇지만 명령에 대한 복종의 의무에도 한계가 있을 수 있다. 가령 상관이 불법적인 명령을 내렸거나 무의미한 명령을 내렸을 때가 그러하다.

명령이 불법적일 경우 그것은 법적 구속력이 없다. 그러므로 상급자는 법적 구속력이 없는 명령을 하급자에게 내려서는 안 된다. 그렇지만 불법적인 명령이건 무의미한 명령이건 간에 명령이라는 관점에서 볼 때 그 중심은 상관에게 있다.

따라서 명령 수행에 대한 제고를 건의할 수 없거나 또는 불법성이나 무의미성에 확신이 서는 경우가 아니라면 그대로 수행할 수밖에 없다. 그래서 군인복무규율 제23조에서는 복종의 의무를 다음과 같이 규정하고 있다. "부하는 상관의 명령에 복종하여야 하며, 명령받은 사항을 신속·정확하게 실행하여야 한다."

다. 복종규범(불복종에 대한 처벌)

군의 다양한 군대문화가 이러한 명령과 복종에 근거해서 만들어지게 된다. 계급의 연원도 그러하다. 불어에서 연원한 영어의 lieutenant는 '대리한다.'는 뜻으로 상급자의 명령권을 대리하는 것이다. 군은 명령규범에 불복종할 때는 처벌이 뒤따른다.

1) 항명죄

군형법 제44조는 정당한 명령에 대한 복종의 의무를 수행하지 않을 경우에 대한 처벌을 명시하고 있다. 적전(敵前)인 경우 상관의 정당한 명령에 반항하거나 복종하지 아니한 자는 사형·무기 또는 10년 이상의 징역에 처한다. 전시·사변 또는 계엄지역인 경우에는 1년 이상 7년 이하의 징역에 처한다. 기타의 경우에는 3년 이하의 징역에 처한다.

여기에서 상관이란 명령복종 관계가 있는 자 중 명령권을 가진 자를 말하며, 명령복종 관계가 없을 경우에는 상위계급자나 상위 서열 자는 상관에 준한다. 항명죄에 밝히는 상관이란 엄밀한 의미에서 명령권자를 말한다. 정당한 명령이란 법률에 위반되지 않고 그 내용이 군 직무와 관련된 것이어야 하며, 명령의 구비요건들을 갖추고 부하의 직무범위 내에 수행 가능한 것이어야 함을 의미한다. 반항이란 적극적, 명시적으로 명령이행을 거부하는 것이며, 불복종은 소극적, 묵시적으로 거부하는 것을 말한다.

2) 집단 항명죄

집단을 이루어 항명했을 경우에는 처벌이 더 엄격하며 군형법 제45조는 적전의 경우 수괴(首魁)는 사형에 처하고 기타의 자는 사형 또는 무기징역에 처한다. 전시·사변 또는 계엄지역인 경우에는 수괴는 무기 또는 7년 이상의 징역에 처하고 기타의 자는 1년 이상의 유기징역에 처한다. 기타의 경우에는 수괴는 3년 이상의 유기징역에 처하고, 기타의 자는

7년 이하의 징역에 처한다.

여기서 집단이라 함은 반드시 몇 명 이상의 사람으로 구성된 집합체라야 한다는 기준은 없지만 다중(多衆)의 위력을 보일 정도의 인원과 항명이라는 공동목표를 지닌 무리를 말한다.

3) 폭행제지 불복종죄

폭행을 가하고 있는 하급자에게 상관이 제지하였음에도 불구하고 계속하였을 경우에는 군 형법 제46조는 "3년 이하의 징역에 처한다."고 명시하고 있다. 이것은 군 사회의 반발할 수 있는 임명이나 재산에 대한 폭력행위를 상관의 제지에 의해 군의 질서를 유지할 것을 목적으로 한다. 폭행이란 형법상의 폭행죄나 군형법상의 폭행죄 또는 상관이나 초병 등에 대한 폭행죄에 행하지 않고 범죄가 될 수 있는 일체의 물리적 행사를 의미한다.

4) 명령 위반죄

정당한 명령 또는 규칙을 준수할 의무가 있는 자가 이를 위반하거나 준수하지 아니할 때에는 군형법 제47조는 "2년 이하의 징역이나 금고에 처한다."고 명시하고 있다.

항명죄의 명령이 상관의 개별적 명령을 의미하는 것과는 달리 명령 위반죄의 명령은 일반적 규범으로서의 명령을 의미하는 것이다. 여기에서 위반한다는 것은 적극적으로 명령, 규칙에 위배된 행위를 하는 것이고, 준수하지 않는다는 것은 소극적으로 명령, 규칙이 요구하는 규범내용을 그대로 실행하지 않는 것을 말한다. 양자 모두 명령·규칙에 따르지 않는다는 점에서 본질적으로 다르지 않다.

3. 군인의 행위양식과 병영생활 행동강령

군인은 국가라는 커다란 전체 사회문화 속에 축소된 독특한 군대문화권에서 생활한다. 군인은 의식적으로 군인집단에 속하여 있으므로 분명히 군대사회의 구성원으로서 행동하고 사고할 것을 기대하고 있으며, 군대집단도 성원의 행동과 사고를 통제하고 성원 사이의 관계를 규정하는 표준을 정함으로써 질서를 유지해 왔고, 그렇게 함으로써 군대집단의 목적을 수행하고 집단의 발전도 거듭해 왔다.[46]

군대는 군인의 집이다. 따라서 군인은 자신의 존재를 더욱 명확히 해주는 군대에 대한 올바른 가치관을 가져야 한다. 군대의 조직은 명령과 그것에 대한 복종으로 작동된다. 군은 상하관계가 명령과 복종의 관계이고 목표달성을 위해 지휘관을 중심으로 일관성 있게 업무를 추진하기 위해서는 지휘관(자)의 명령에 의한 복종이 필수적이다.[47]

---

46 양희완, 『군대문화의 뿌리』(서울: 을지서적, 1988), 서문 참조.
47 『국방일보』, 2007.2.9.

따라서 명령권자는 명확하게 명령을 하달해야 하고, 수명자는 그것에 적극적이고 긍정적으로 호응하는 복종심이 필요한 것이다. 군인으로서 군대에 대한 올바른 가치관을 갖는데 몇 가지 극복해야 할 점들이 있다. 첫째, 명령에 대해 복종하는 것, 이외에 대한 어떤 제재 조치에 대해 먼저 생각해서는 안 된다. 흔히 규칙공리주의자들의 영향을 받은 철학자들은 명령과 그것에 대한 복종의 관계를 규칙, 즉 계약으로 보고자 한다.

계약 이행과정에서 불미스러운 일, 즉 명령 불복종이나 부당한 명령 등에 대해 아주 많은 관심을 쏟는다. 하지만 군인의 행동과 그들의 행위가 숭고한 이유는 비록 상관의 명령이 부당하다고 할지라도 복종하려고 하는 마음이 있기 때문이다. 군대에서 간부교육을 중시하는 이유는 바로 부당한 명령을 최소화하려고 하는 군대 운영의 당연한 조치라고 할 수 있다.

둘째, 일반사회의 가치와 상관의 명령이 충동을 일으킬 때 상관의 명령에 대해 순명하려고 하는 마음을 전제해야 한다. 이때 명확한 기준은 상관의 명령이다. 교육을 할 때는 교관의 강의 내용이 기준이 된다. 왜냐하면 교육 중에는 비록 계급이 낮다고 하더라도 교관은 직무상 상관이 되기 때문이다. 여기서 상관의 명령은 최상에서는 국가로부터 적법한 절차에 의해 그 명령과 권한이 위임되어 명령을 받는 사람까지 이르게 된다.

그러므로 직속상관의 명령은 그 사람 혼자서 독단적으로 내리는 단순한 명령이 아닌 것이다. 비록 그 명령권자가 상급 제대의 새로운 어떤 관련 근거에 의하지 않고서는 절차상 위임된 권한을 발동할 수 있는 것이다.

군대는 그 작동에서 신속성이 요구된다. 너무 많은 전후 좌우의 고려가 있으면 명령에 대한 복종, 즉 시행이 불가능할 수 있다. 따라서 명령권자의 명령이 가장 중요하면서도 명확한 행위의 근거가 됨을 잊어서는 안 될 것이다. 이외의 문제는 정당하게 평가받고 그것이 잘못되었다면 처벌받으면 되는 것이다. 결국 군인의 행동은 단순하면서도 바로 그 단순성 때문에 숭고한 것이다.

아무리 총을 잘 쏘고, 전투를 잘 하더라도 인간의 존엄과 기본적인 가치를 무시하는 군대는 강군이라고 얘기할 수 없다. 전투도 잘 하면서 존중과 배려, 화합과 단결의 병영문화가 정착된 군대야 말로 진정한 강군이다.

국방부는 2011년 7월 22일 병사들 상호 관계에 대한 명확한 기준을 설정한 '병영생활 행동강령'을 하달했다. 이는 일반적인 규정으로 생각하기보다는 병영문화혁신을 위한 우리 모두가 준수해야 할 가장 근본적이고 기본적인 사항이다.

강령은 지휘자(병 분대장, 조장) 이외에 병들의 상호 관계는 명령복종 관계가 아니며, 병의 계급은 상호 서열관계를 나타낸 것일 뿐 지휘자를 제외한 병 상호 간에는 명령, 지시를 할 수 없다고 명시했다. 또한 구타·가혹행위, 인격모독(폭언, 모욕) 및 집단따돌림, 성 군기 위반행위는 어떠한 경우에도 금지한다고 규정했다. 이는 사회 제도보다 위에 있는, 보다 근본적이고 소중한 인간의 존엄성이나 공동선, 정의와 같은 가치에 위배될 때 시민 불복종이 정당화 될 수 있는 이론이 뒷받침한다. 군에서의 명령은 국가와 국민적 차원의 이익과 가치에 위배되는 경우 불복종이 정당화될 수 있음의 반증이다. 그러나 군에서의 명령에 대한 불복종이 사회에처럼 개혁을 전제로 해서는 안 된다는 점을 확실히 해야 한다.

이 강령을 위반한 장병의 처리와 관련해서는 병사 간에 명령 또는 지시를 하거나 이를 묵인할 경우 엄중 문책하기로 했다. 특히 구타·가혹행위자에 대해서는 엄한 형사처벌과 징계를 하며, 경미한 구타·가혹행위라도 처벌하기로 했다. 집단따돌림 등 인격적 모독과 고통을 가한 주모자와 적극 가담자도 처벌해 병영 내 엄정한 기강을 확립하겠다는 취지에서다.

이 강령을 위반한 것을 인지한 장병은 지휘관에게 신고할 의무가 있으며, 지휘관은 신고자의 신원을 철저히 보장하고 피해자에게는 필요한 보호조치를 하도록 했다. 이러한 행동강령은 군에 부여된 임무를 수행하기 위해 우리 장병들이 지켜야 할 최소한의 규정을 제정하여 하달한 것이다.

군인은 국가의 최후 보루이다. 최후 보루로서 군인은 제반 법규와 군대규범을 준수해야 한다. 그 까닭은 군대 규범이란 군이 나아가야 할 방향과 존립 목적을 효율적으로 수행하기 위하여 만들어진 것들이기 때문이다.

명령과 이에 대한 복종은 군대를 군대답게 유지하는 데 있어서 가장 중요한 규범이다. 명령과 복종의 체계가 세워져 있지 않으면 군대로서의 가치와 의미를 상실하게 된다.

굳건한 명령과 복종 체계의 확립을 위하여 우선적으로 필요한 것은 하급자의 복종하겠다는 자세이다. 명령은 절대적으로 준수되어야 한다는 점에서 하급자는 명령 이행에 혼신의 힘을 쏟을 준비를 항상 갖추고 있어야 한다.

하급자의 입장에서 볼 때 기존의 규정과 제도가 업무의 비능률을 초래하거나 부작용이 발견되거나 혹은 명령받은 바를 성공적으로 완수하기 위해 더 좋은 방법이 있을 경우, 자신의 의견을 상관에게 말 할 수 있다.

그럼에도 불구하고 현재의 우리 군 형법에는 부당한 명령에 한 번 건의할 수는 있지만 그럼에도 불구하고 항명할 수 없도록 규정하고 있다. 자신의 의견이 비록 군에 유익하고 정당한 것이라도 군의 지휘체제를 문란하게 하거나 상관의 명령에 정면으로 도전하는 방법으로 건의해서는 안 된다.[48]

부하의 건의가 아무리 군에 유익하고 정당한 것이라 하더라도 상관과 부하 간에는 입장의 차이뿐만 아니라 책임의

48 군인복무규율 제24조.

종류와 범위가 다르고 또 상관은 군 조직 전체의 입장에서 명령을 발하기 때문에 상관이 부하의 의견을 받아들이지 않을 경우에 부하는 상관의 의견에 기꺼이 따라야 한다. 또한 상급자는 감정적으로 명령을 내려서는 안 되며, 법규에 맞는 정당한 명령을 내려야 한다.

전 투시 상관의 명령에 대한 즉각적이고 적극적이며 충실한 복종은 군사적 능력의 본질이다. 충실한 복종이란 최선을 다해 완벽하고 성실하게 그리고 즉시 따라야 함을 의미한다. 이런 상명하복의 자세야말로 절대적인 복종이며 군인의 특성인 것이다.

군에서의 명령과 복종, 이 얼마나 소중한 것인가? 그렇기 때문에 군인의 행동규범과 그 정신이 숭고한 것이며 병영생활에서 즉각적인 복종의 실천을 통해 전투에서도 즉각적으로 복종하는 습성을 몸에 배게 해야 한다.

 문답식 주제

1. 군 조직의 특수성은 어떤 것이 있는가?

군대조직의 특수성 중 대표적인 것이 바로 임무완수를 최우선시 하는 조직이라는 사실이다. 물론 군 전체의 포괄적인 임무는 국민의 생명과 재산을 보호하는 것이다. 그러나 이 거대한 임무를 달성하기 위해서는 다시 세부적인 중간 임무가 주어진다. 이를 위해 군대 조직의 각 구성원들은 각자의 계급과 직책에서 최선을 다하게 된다. 군조직의 두 번째 특수성은 명령에 대한 절대적 복종을 강요하는 집단이라는 사실이다. 군대는 어느 시대를 막론하고 군사력을 통한 무력공권력이 효과적으로 사용될 수 있도록 명령과 복종이 강조되는 철저한 계급사회를 이루고 있다. 군 조직의 세 번째 특수성은 엄격한 규율로 전투력을 유지한다는 사실이다. 우리 군의 경우 병영의 질서와 군대라는 조직을 유지시키기 위해 그 어떤 기관이나 단체보다 엄격한 수준의 규율을 요구하고 있다. 규율이란 집단생활이나 사회생활을 하는데 필요한 행동규칙을 말한다. 이 규율은 군인에게 있어서는 기본 바탕이며, 조직생활을 유지시키는 필수적인 요소가 된다. 네 번째 특수성은 단결과 협동이 중시되는 조직이라는 사실이다. 즉 조직의 규모가 방대하고 복잡해지고 무기나 장비가 정교해 짐으로써 이의 운영과 관리에 있어서 각 분야에 많은 전문가가 있어야 하며, 직무가 말단에까지 분업화된 현대군대에 있어서 조직 구성원들 간의 단결과 협동은 군의 직무수행과 전투력 발휘에 있어서 매우 중요한 요소가 되고 있는 것이다. 다섯 번째는 무한한 희생과 헌신이 요구되는 조직이라는 것이다.

2. 군인의 행동은 어떤 규범적 근거에 기반하고 있는가?

군인이 준수해야 하는 규범은 여러 가지가 있겠지만, 그 핵심은 명령에 대한 복종이다. 국가에서 법을 제정해 국민들로 하여금 이를 준수하게 하는 것은 국가가 달성하고자 하는 이상과 목적을 순조롭게 달성하기 위해서이다. 같은 논리로 군이 일정한 규범을 만들어 군인들로 하여금 준수하게 하는 것도 군의 이상과 목적을 순조롭게 달성하기 위한 것이다. 군대 조직의 이상과 목적은 당연히 국가 보위와 전쟁에서의 승리가 되어야 한다. 전투에서 명령과 복종은 승리의 기본 전제조건이다.

3. 군인의 행위양식에는 어떤 것들이 있는가?

조직 구성원의 행위양식은 그 조직의 작동과 질서를 위해서 필요한 것이다. 그런 면에서 군인의 행위양식 중 대표적인 것이 명령에 대한 복종이다. 군대의 조직은 명령과 그것에 대한 복종으로 작동되기 때문이다. 군은 상하관계가 명령과 복종의 관계이고 목표달성을 위해 지휘관을 중심으로 일관성 있게 업무를 추진하기 위해서는 지휘관(자)의 명령에 의한 복종이 필수적이다. 따라서 명령권자는 명확하게 명령을 하달해야 하고, 수명 자는 그것에 적극적이고 긍정적으로 호응하는 복종심이 필요한 것이다. 케이지(Nico Keijzer)는 "명령에 대한 복종은 그것 없이는 군대 조직이 그 기능을 발휘할 수 없게 되는 하나의 규범"이라고 말했다. 군인이 명령에 복종하는 데는 몇 가지 전제조건이 있다. 첫째, 명령에 대해 복종하는 것, 이외에 대한 어떤 제재 조치에 대해 먼저 생각해서는 안 된다. 흔히 규칙공리주의자들의 영향을 받은 철학자들은 명령과 그것에 대한 복종의 관계를 규칙, 즉 계약으로 보고자 한다. 따라서 계약 이행과정에서 불미스러운 일, 즉 명령 불복종이나 부당한 명령 등에 대해 아주 많은 관심을 쏟는다. 하지만 군인의 행동과 그들의 행위가 숭고한 이유는 비록 상관의 명령이 부당하다고 할지라도 복종하려고 하는 마음이 있기 때문이다. 둘째, 일반사회의 가치와 상관의 명령이 충동을 일으킬 때 상관의 명령에 대해 순명하려고 하는 마음을 전제해야 한다. 이때 명확한 기준은 상관의 명령이다.

4. 군 생활에서 군인 행동의 작동원리인 명령과 복종의 바르지 못한 사례를 제시하고, 그 이유는 무엇이라고 생각하는가?

명령과 복종은 군인의 행위양식에 있어서 최고의 형태이지만, 계급과 직책에 있어서 상관관계가 불명확한 경우에는 명령복종 관계가 성립하지 않는다. 이는 바르지 못하기 때문이다. 대표적인 사례가 병사와 병사 상호간의 관계에 있어서 명령과 복종관계이다. 이에 대해 국방부는 2011년 7월 22일 병사들 상호 관계에 대한 명확한 기준을 설정한 '병영생활 행동강령'을 하달했다. 이는 일반적인 규정으로 생각하기보다는 병영문화 혁신을 위한 우리 모두가 준수해야 할 가장 기본적인 사항이다. 강령의 핵심은 이렇다. 지휘자 즉 병 분대장이나 병 조장 이외에 병들의 상호 관계는 명령복종 관계가 아니다. 왜냐하면 병의 계급은 상호 서열관계를 나타낸 것일 뿐 지휘자를 제외한 병 상호 간에는 명령, 지시를 할 수 없기 때문이고 이를 아예 명시했다. 또한 구타·가혹행위, 인격모독(폭언, 모욕) 및 집단따돌림, 성 군기 위반행위는 어떠한 경우에도 금지한다고 규정했다. 이는 보다 근본적이고 소중한 인간의 존엄성이나 공동선, 정의와 같은 가치를 존중하기 때문이다. 두 번째는 명령권자가 명령을 내릴 때는 반드시 국가적 또는 국민적 이익과 문화 역사적 가치를 염두에 두어야 한다. 이것이 지켜지지 않으면 명령복종의 작동원리는 훼손될 수도 있다. 군에서의 명령은 국가와 국민적 차원의 이익과 가치에 위배되는 경우 불복종이 정당화될 수 있음의 반증이다.

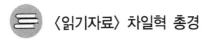 **〈읽기자료〉 차일혁 총경**

차일혁(車-赫, 1920~1958.8.9)은 독립 운동가이자 대한민국의 경찰관이었다. 해방 이후에는 남조선로동당 파르티잔 토벌과 한국 전쟁에 참전하였다. 그는 충남 홍성에서 태어났고, 중국으로 건너가 중앙군관학교 황포분교 정치과를 졸업한 뒤 항일전을 위해 1938년부터 1943년까지 조선의용대에 들어가 팔로군과 함께 항일유격전 활동을 펼쳤다. 해방 이후 해방 후 귀국하여 북한의 인민군과 싸우던 중 경찰에 특채되어 빨치산 토벌대 대장으로 복무하였다. 6.25전쟁 중에는 빨치산 소탕을 담당하는 전투경찰대 제2연대 연대장으로 근무하며 조선 공산당 총사령관인 이현상 등을 토벌하는 역할을 수행하였다. 1951년 5월, 전라북도 군경합동 회의 참석차 차일혁은 도계로 갔다. 회의에는 지리산 전투경찰대 사령관 신상묵을 비롯한 경찰 지휘관들과 최영희 사단장 및 8사단 참모들이 참석했다. 회의 후 따로 모인 전투경찰대 지휘관들은 화엄사 소각 명령에 대해 우려를 표했다. 이 명령은 숲

이 우거질 시기인 녹음기에 빨치산들이 근거지가 될 만한 사찰 및 암자를 소각하라는 것이었다. 화엄사 소재 지역은 8사단 방득윤 대대장이 관할하고 있었고, 명령도 방득윤 대대장에게 내려진 것이었다. 그러나 방득윤 대대장은 명령 수행 문제를 고민하고 있었고, 이를 알게 된 차일혁 18대대장은 방득윤 대대장에게 해결책을 제안했다. 화엄사 대웅전 등의 문짝을 떼어내어 문짝만 소각하는 것이었다. 차일혁은 명령을 "공비들의 은신처를 없애고 관측과 사격을 용이하게 하자는 것"으로 이해했고, 문짝만 뜯어내어 소각해도 그 목적은 충분히 달성된다고 생각했던 것이다. 방득윤 대대장도 이에 동의했고, 이로써 화엄사는 전체 사찰이 소각될 위기에서 벗어날 수 있었다. 같은 방법으로 천은사, 쌍계사, 선운사 등 유명한 사찰 등 문화재들에 대한 폭격도 될 수 있는 대로 피했다. 결국 그는 잇따른 명령 불이행으로 감봉처분을 받았다. (Daum 백과사전)

〈읽기자료〉 군견 헌트 소위

    1989년 12월 24일 크리스마스이브. 강원도 양구군 해안면에서 동북쪽 26km 지점에서 북괴가 뚫어놓은 4번째 땅굴이 발견된다. 당시 강원도 쪽에는 땅굴이 없을 거라는 예상을 뛰어넘은 충격적인 사건이었다. 이에 대한민국 국군은 역갱도 작업으로 땅굴의 탐색을 시작, 이듬해 1990년 3월 3일. 작업이 완료되면서 땅굴 수색 및 북괴군 소탕 작전이 시작되었다. 제 1땅굴 발견 당시, 국군은 3명이 전사하고 5명이 부상을 입었으며, 제 2땅굴 수색 작전에서는 김호영 중사 외 7명이 북괴가 설치한 부비트랩에 의해 순직했을 정도로 땅굴 수색 작업은 대단히 위험한 작전이다. 이에 국군은 수색 분대에 군견 한 마리를 딸려 보낸다. 군견의 이름은 헌트. 독일산 셰퍼드 종으로 당시 나이 4세였다. 헌트의 임무는 수색대원들과 함께 북괴의 땅굴로 진입, 유독가스와 부비트랩을 감지하고, 대원들보다 앞서 땅굴로 들어가는 임무를 맡았다. 수색대가 북괴의 제 4 땅굴로 진입하였고, 헌트

또한 그들보다 한발 앞서 투입되었다. 순조롭게 수색이 이루어졌고, 대원들은 점점 군사분계선 근처까지 접근했다. 그러나 분계선을 330미터 앞에 두고 대원들은 헌트의 이상 현상을 포착한 움직임에 수색을 중지한다. 그리고 헌트는 명령을 수행하기 위해 조금의 망설임도 없이 땅굴 안쪽으로 들어갔으나… 축축하고 어두운 땅굴 속에 북괴가 설치한 부비트랩을 발견하고 이를 대원들에게 알리기 위해 돌아가려던 헌트는 그만 북괴가 설치한 수중 목함지뢰를 밟고 당일 12시 05분에 그 자리에서 산화하고 만다. 만약 헌트가 앞서 나가지 않았다면, 밀폐된 공간에서 폭발한 북괴의 목함지뢰는 수색대원 1개 분대의 목숨을 순식간에 앗아갔을 것이다. 장렬한 산화로 임무를 수행한 헌트는 4월 1일. 유해가 수습되었고, 제 4 땅굴 앞에 묘와 동상이 세워지게 된다. 그리고 죽음으로 장병들을 구하고 조국을 위해 활약한 공로를 인정받아 〈인헌 무공훈장〉을 받고, 군견으로써는 최초로 〈소위〉로 추서되었다.[49]

---

49 군견 헌트 소위를 추모하는 인터넷 사이트도 있다. 아마도 당시 군 견

다음은 동상건립 취지문 본문이다.

적이 파 놓은 땅굴을 소탕하기 위하여 군견을 앞세운 수색 팀은 1990년 3월 4일 자신의 목숨을 조국의 품에 맡긴 채 만행의 현장에 대한 작전에 돌입했다.

평화의 땅을 적화 통일시키겠다는 북괴의 흉계는 땅굴 벽에 써 놓은 "오직 혁명을 위하여"라는 그들의 선동 구호에 잘 나타나 있다.

적의 유독가스와 지뢰매설이 예상되는 암흑 같은 갱도 내에서 수색팀은 군사 분계선을 불과 330미터 남겨놓은 지점을 통과하고 있었다.

전방에 설치된 적의 장애물과 지뢰로 인해 수색 팀이 일단 정지하자 훈련된 군견은 지뢰의 위치를 알려주기 위해 앞으로 뛰쳐나갔다.

질척거리는 수렁을 통과하는 순간 고막을 찢는 듯 한 폭음과 함께 군견은 적이 묻어놓은 수중탐지 지뢰에 의해 동일 12:05분에 산

병이나 헌트 소위를 잘 아는 전역장병인 것으로 추정된다.
http://cafe.daum.net/poetsea/KZM/12505?docid=E9WF | KZM | 12505 | 2011121593219&q=%B1%BA%B0%DF%20C7%E5%C6%AE (2012.12.12. 검색)

화함으로써 대원들의 희생을 대신했다.

죽음으로써 장병들의 생명을 구하고 영광된 조국을 지킨 군견을
"충견"이라 칭하여 여기에 묘를 세운다.

제3장

군 생활의 보람과 각오

　보람이란 어떤 일을 한 뒤에 얻어지는 좋은 결과나 만족감이다. 보람은 자랑스러움이나 자부심을 갖게 해 주는 일의 가치를 말하기도 한다. 인생에 있어 국가의 부름을 받아 신성하게 수행되는 군 생활은 젊음과 청춘의 장(場)이자 험난한 인생항로의 사실상 출발점이라 할 수 있다. 군복무는 자기 자신과 가장 많은 대화를 하면서 스스로를 담금질할 수 있는 값진 시간이라 할 수 있다. 즉 가정이나 학교, 그리고 사회에서 배울 수 없는 진정한 인생철학을 체득할 수 있는 소중한 시기인 것이다. 군 생활의 보람과 의의로 국가에 대한 충성심을 구체적으로 나타내는 애국적 행위라는 점과 개인적 차원에서 심신의 단련과 자기계발의 기회가 된다는 점이 있다.

군 생활의 성공 여부가 앞으로 살아갈 인생의 성공 여부와 직결된다고 볼 때 군 생활을 보람 있게 보내는 것이 인생을 성공적으로 영위하는 기반을 마련하는 것이다. 군복무를 통하여 인생의 뚜렷한 목표를 가질 수 있으며, 군 생활을 마치고 사회에 나가면 무엇을 어떻게 할 것인가에 대한 계획을 확실히 설계할 수 있다. 군대를 인생의 종합대학이라고 하는 이유가 바로 여기에 있다.

군대에 다녀 온 사람들은 협동심과 인내력이 강하고 동료들과도 원만한 관계를 유지할 뿐만 아니라 책임감과 위기관리 능력이 뛰어나기 때문에 학교나 사회에서 금방 눈에 띄게 됨은 당연한 일인지도 모른다. 군에서 강인한 정신력과 체력을 키울 수 있으며, 입대 전에 가졌던 나약하고 소극적·배타적 이기주의 등 정신적 장애물을 모두 극복하고 적극적이고 상호 협조적인 자질을 키워 나갈 수 있다. 또한 여러 성향을 지닌 전우들과 상·하급자 간의 관계 속에서 투철한 국가관과 모든 것을 올바르고 건전하게 판단할 수 있는 기본 소양을 배양할 수 있다.

이 장에서는 이러한 맥락에서 군 생활의 이유와 의미에

대해 보다 구체적으로 살펴보고 군 생활을 통해 얻어지는 보람은 무엇이며, 군인으로서 어떠한 자세와 각오를 지녀야 하는지에 대해 생각해 보고자 한다.

1. 민주국가와 국방의무

가. 국방의무는 민주국가 국민의 당연한 의무

민주주의 국가에서의 주인은 당연히 국민이다.[50] 모든 국민은 누구나 나라의 주인이며 동등한 자유와 권리를 법으로 보장받고 있다. 이러한 국민의 권리와 의무가 따르는 것이 민주주의의 원칙이다. 현대 민주국가의 국민이라면 누구나 주인으로서 누리는 자유와 권리에 상응하는 책임과 의무가 있다. 이런 의무 가운데 국가에 대한 충성의 의무와 법을 지켜야 하는 의무는 민주국가의 시민으로서 당연히 이행해야 할 기본적이고 일반적인 의무라 할 수 있다.

그리고 우리에게는 이러한 일반적인 의무 외에도 '납세의 의무', '국방의 의무', '교육의 의무', '근로의 의무' 등이 헌법에 명시되어 그 의무를 이행하도록 되어 있다.[51] 여기서 국

---

50 대한민국 헌법 제1조 ① 대한민국은 민주공화국이다. ② 대한민국의 주권은 국민에게 있고, 모든 권력은 국민으로부터 나온다.

방의 의무라 함은 외부의 침략으로부터 국가의 독립을 유지하고 영토를 보전하며, 국민의 생명과 재산을 지키기 위한 국가방위의 의무를 말한다. 특히 국방의 의무는 민주국가의 국민으로서 당연히 지켜야 할 의무이다. 그리고 이와 관련하여 헌법의 근거에 의거 병역법 제3조 1항에는 "대한민국 국민인 남자는 헌법과 법률이 정하는 바에 따라 병역의무를 성실히 수행하여야 한다고 명시되어 있다. 여자는 지원에 의하여 현역 및 예비역으로만 복무할 수 있다. 따라서 국방 의무는 민주국가의 주인인 국민이 스스로 국가를 방위해야 할 충성의 의무이기도 하지만 동시에 법률이 정하는 바에 따라 병역에 종사할 법적인 의무이기도 하다.

일반적으로 병역제도는 크게 징병제와 지원제로 구분할

---

51 대한민국 헌법 제31조 ① 모든 국민은 능력에 따라 균등하게 교육을 받을 권리를 가진다. ② 모든 국민은 그 보호하는 자녀에게 적어도 초등교육과 법률이 정하는 교육을 받게 할 의무를 진다. 제38조 모든 국민은 법률이 정하는 바에 의하여 납세의 의무를 진다. 제39조 ① 모든 국민은 법률이 정하는 바에 의하여 국방의 의무를 진다. ② 누구든지 병역의무의 이행으로 인하여 불이익한 처우를 받지 아니한다.

수 있는데, 어느 것을 선택하느냐 문제는 그 나라의 역사, 국민성, 지정학적 여건, 국방상의 요구, 재정 및 산업을 기초로 하여 결정된다. 우리나라의 경우 이러한 여건을 고려해서 병역법에 남자만 군대에 가도록 되어 있다. 여자의 경우 본인이 원할 경우 특기 등을 고려해서 입대할 수 있도록 기회가 열려있다.

우리의 역사를 돌이켜보면, 구한말 군대해산의 아픔을 겪었고, 일제 식민지시대를 거쳐 광복 후에는 좌우의 극한적인 대립 속에서 어렵게 창군하였으며, 곧이어 동족 간에 전쟁을 치루기도 했다. 그리고 남과 북의 군대는 지난 반세기가 넘도록 정전 체제하에서 비무장지대를 사이에 두고 첨예하게 대치해오고 있다.

이러한 안보상황 하에서 우리 군은 징병제를 채택함으로써 병역자원을 효율적으로 획득하여 막강한 상비 병력을 갖추었고, 지금까지 대북 억제력을 굳건하게 유지해 왔다. 사회의 전문화와 다양성을 고려해서, 병역자원 충원도 입대이전의 경험을 최대한 반영하여 세분화하고 있다. 구체적으로는 현역병·상근예비역, 공익근무요원, 전문연구·산업기능

요원, 승선근무예비역, 특별보충·전환복무요원이 있다.[52]

나. 군 복무는 국가수호와 세계평화 유지에 기여

우리나라는 역사적으로 수많은 외침을 받아 왔으나 이를 극복하고 국가의 안보와 평화를 지켜내 왔다. 우리나라가 영토와 주권, 국민을 가진 당당한 국가로서 존재할 수 있었던 것은 바로 선조의 호국의지와 노력을 통하여 후대에게 한반도의 평화와 안정을 물려주었기 때문에 가능하였다.

우리 군은 현재 유엔 평화유지활동(PKO: Peace Keeping Operation)을 통해 세계 평화에 기여하고 있다. 따라서 군에 복무한다는 것은 이제 국가를 수호하는 것 뿐 만 아니라 세계 평화유지에도 기여한다고 볼 수 있다.

---

52 병무청 홈페이지(http://www.mma.go.kr)

2. 군 생활의 의미와 성숙

가. 심신단련과 사회적응력 배양의 토대

의무복무자의 입장에서 과연 군 생활에 의미가 있을까? 병역의무가 국가를 지키는 신성한 의무라는 점에서 이견이 없겠지만 단순히 개인적인 입장에서만 보면 군 복무 기간 동안 가정과 직장을 떠나 병영생활을 해야 한다는 점에서 불편함이 있는 것이 사실이다. 이 기간에는 사생활을 영위하기도 어렵고 개인의 자유를 제한받을 수밖에 없게 된다. 그렇다면 군 복무 기간은 완전히 '빼앗긴 시간'일까? 그렇지 않다. 국가적 차원에서는 충성과 애국의 구체적 행위이지만, 개인적 차원에서는 가치관 형성 및 사회적 적응력 배양의 토대가 된다. 그 대표적인 사례가 성우 김도현씨다.

성우 김도현씨는 "1970년 빡빡머리 훈련병으로 입대했다가 특전사에 차출되었다. 특전사에서 최초 공수교육을 비롯한 석 달 동안의 특수훈련을 받고 특전사 생활을 시작했다. 특전사 생활은 그야말로 극과 극이었다. 각종 훈련은 죽고 싶을 정도로 힘들었고 행군에서 낙오란 생각할 수도 없는 것이었다. 그러나 특전사에서 군 생활을 하는 동안 사나이로서 갖추어야 할 모든 것을 배우고 느낄 수 있었다. 군에서 배운 것들은 오늘의 내가 있기까지 삶의 커다란 원동력이 되었으며 앞으로도 인생의 정신적 지주가 될 것이다. 내가 몸소 훈련받고 실천하고 또 모든 것을 알고 있기에 나는 아들이 해병대에 가는 것을 반겼다. 가장 강한 군인은 어떠한 역경이 닥치더라도 살아나갈 수 있는 '백신'같은 역할을 한다고 확신하기 때문이다."라고 군 생활의 보람을 회고했다.[53]

군 생활은 한 개인의 가치관 형성에 많은 도움을 준다. 이는 개인의 소중함과 함께 전체나 공동체의 중요성을 깨닫게 해주고 군대 성원들이 교육과 훈련 그리고 지위에 따른 임무수행을 통해 개인보다 집단을 강조하며, 헌신과 봉사정신을 기르기 때문이다. 그 결과 군 생활을 통해 집단의식을 갖게 되며, 개인적 수준이 아닌 공동체적 발전, 나아가 국가발전에 기여할 수 있다.

---

53 『국방일보』, 2002.7.26.

또한 군 복무는 사회적 적응력을 길러줄 수 있다. 군 생활은 복잡한 인관관계와 다양한 인간들의 부단한 접촉 속에서 이루어진다. 즉, 병사들은 다양한 사회의 배경을 가진 수많은 젊은이를 만나게 되고 사회와 전혀 다른 환경 속에서 상당기간 생활한다.

이러한 생활환경 속에서 형성된 태도 및 가치관은 젊은 병사들을 개인적으로 성숙시키고 사회적 차원에서도 적응 능력을 길러 준다. 또한 다양한 배경을 가진 젊은이들이 군 생활을 통해 집단의식을 고취하고 애국심을 키워나 갈 수 있다.

나. 육체적 정신적 성숙

성숙이란 몸과 마음이 자라 어른스럽게 된다는 뜻이다. 군 생활이 주는 보람과 의의 중 개인적 차원에서 주는 첫 번째 유익성은 가치관 형성 및 사회적 적응력 배양의 토대가 된다는 사실이며, 두 번째 유익성은 육체적 정신적 성숙을 가져다준다는 것이다.

동양인 최초로 세계 14개 8000m급 봉우리를 정복한 산악인 엄홍길씨는 해군 수중폭파반(UDT) 출신이다. 엄씨는 처음부터 UDT 요원은 아니었다. 해군에 입대한 뒤 갑판 수병이었으나 UDT를 자원하게 되었다고 한다. 그때부터 24주간의 혹독한 훈련이 시작되었다. 지옥훈련이라고 명명할 만큼 힘든 훈련에 자퇴할까 하는 마음도 있었지만 잘 견뎌냈다.

  결국 엄씨는 군에서 자신의 정신적 · 육체적 한계를 체험하고 이를 극복하는 훈련을 받음으로써 세계적 산악인으로 성공하는 토대를 닦았으며 인생을 살아나가는 데 자신감을 얻은 것이다.[54] 군 생활은 사회의 어떤 생활에 비하여 활발한 신체적 활동을 요구하므로 규칙적이고 절제된 생활을 통하여 건강을 유지하며, 때로는 고된 훈련과 체력단련 그리고 각종 운동경기를 통해 몸을 튼튼하게 단련시킨다. 이렇게 해서 육체적으로 성숙해진다.

  2012년 우리 군을 뜨겁게 달구는 국방홍보원 국방 FM의 프로그램이 있다. 국군장병 스타 만들기 프로젝트인 '비더스

---

54 『국방일보』, 2002.7.26.

타'(Be The Star)가 바로 그것이다. 그런데 이 무대에서 안타까운 사연으로 심사위원과 장병들의 가슴을 뭉클하게 만든 이가 있다. 육군 수도기계화사단 군악대의 김상우 상병이다. 그에게 비더스타는 사랑하는 사람을 위한 '마지막 선물'이었다.

암 투병 중 유명을 달리하신 어머니께 그토록 바라시던 비더스타 결선 진출 티켓을 바치겠다던 각오로 'Officially Missing You'(당신이 너무 그립습니다)를 열창해 마침내 최종 결선까지 올라 수많은 장병으로부터 응원과 박수를 받았다. 비록 수상하지는 못했지만, 가슴속에 어머니와의 특별한 추억을 간직한 김 상병은 "비더스타는 군 생활의 동기부여"라며 감사의 마음을 전하기도 했다.[55]

다. 자기개발의 기회

군 생활은 열악한 환경 속에서 힘든 일들을 수행하는 가운데 강인한 인내력과 어떠한 고난도 이겨 낼 수 있는 자신

---

55 『국방저널』, 2012.10. pp.8~11.

감을 체득하게 된다. 훌륭한 인격자란 자기를 이기는 극기력이 남달리 강한 사람이라는 점을 고려 할 때 군 생활을 통해서 우리는 훌륭한 인격을 연마하고 있는 것이나 다름이 없다. 그래서 군대를 '인격수양의 도장'이라고 말하는 것이다.

정신적 성숙과 관련된 또 하나의 유익성은 군 생활이 자기계발의 기회가 된다는 사실이다. 이와 관련하여 손영상 예비역 병장은 우리들에게 좋은 사례를 제시해주고 있다.

육군3군수지원사령부에서 복무하다가 전역한 후 대학에 복학한 손영상 예비역 병장은 군 생활 중 자격증을 여섯 개나 취득했다. 그는 전문교육기관에서 공부한 사람들조차 어렵다고 하는 자동차검사 산업기사 자격증까지 땄다.[56] 기계분야 외에도 영어 번역사·워드프로세서 1급·증권투자 상담사 등 6개의 자격증을 딴 후 동국대 법학과에 복학한 임준표 예비역 병장은 입대 전 컴맹이었으나 군복무 기간을 석 달 단위로 끊어 목표를 정하고 끈질기게 추진한 결과 마지막에는 정보검색사 1급을 따내는 쾌거를 이룩했다. 그는

56 『국방일보』, 2002.5.3.

병영생활 중 사사로운 일을 도맡아 하면서 점호 후 주어지는 2시간의 자유시간을 최대한 이용했다.[57]

군 복무기간 단축과 사회복무제도의 도입으로 병역에 대한 국민적 이해와 공감대가 형성되어 가고 있는 가운데 군 복무기간이 이제 더 이상 개인적으로 잃어버린 시간이 아니라 자기계발의 기회로 활용되고 있다.

맞춤식 군 복무 제도를 시행하여 개인의 특기와 적성에 맞는 분야에서 복무하게 함으로써 개인의 경력 발전과 전투력 증강, 국가인적자원의 개발에 기여하게 될 것이다. 근무시간에는 군 본연의 임무인 전투준비와 교육훈련에 전념하도록 하고 근 무외 시간은 주거개념으로 전환하여 다양한 자기계발 활동을 보장해 나가고 있다.

특히 군 복무 중 중단 없는 학습여건을 보장하기 위하여 사이버 지식정보망을 확대하고 학점 및 자격증을 취득할 수 있는 여건을 조성하기 위해 군 복무 중 학업취득 근거법령을 공포하였고,[58] 군 교육기관의 학점 인정과정을 확대해 나

---

57 『국방일보』, 2002.5.3.

가고 있다.

한편 최신 IT 기술을 활용하여 원격강의(e-learning)를 확대하고 있다. 수준별 영어학습이 가능하도록 원격강의 기반의 맞춤형 영어교육 프로그램을 개발 보급하고 수료증을 발급하는 등 후속 지원체계를 마련하고 있다. 군내에서 국내 여러 대학의 원격강의를 수강할 수 있도록 지원하고 있다.

군과 사회 간의 소통이 활발해지면서 장병들이 사회의 소외계층이나 어린이들에게 재능을 기부함으로써 군 생활의 긍정적 측면을 경험하고 있다. 문학, 음악, 미술, 어학 등이 재능을 지닌 장병들이 일반 사회나 지역 사회의 시민들을 교육하여 사회적 기여를 함은 물론 장병 스스로가 군 생활의 자부심과 보람을 느낄 수 있다고 할 것이다.

따라서 군에서 축적한 전문지식과 기술역량 등 자기계발 성과를 사회에서 활용하도록 하여 군 복무에 대한 만족도를 향상시킬 것으로 기대한다.

---

58 고등교육법 제23조.

라. 국가와 사회의 인정

최근 우리 사회에서는 군 복무에 대한 바람직한 문화가 형성되고 있으며, 점점 확산되고 있다. 즉 정치 지도자나 고위관료들을 선출할 때 군 복무 여부는 선택의 중요한 기준이 된 것이다.

대통령 선거와 국회의원 선거를 비롯하여 각종 공직 선거때 의례 병역의무 수행여부가 주요한 쟁점이 되고 있고 고위 공직자와 그 자제들에 대한 병역 여부도 공개됨으로써 이제 우리 사회에서 병역은 신성한 가치로 인정받기에 이른것이다.

적어도 사회의 지도층이 되려면 젊은 시절 국가안보의 현장에서 자신을 희생하면서 복무하는 것을 당연하게 생각하고 또 그러한 사람을 존중하는 분위기가 형성되어야 한다. 우리 사회의 지도층이 되거나 고위 공직으로 진출하기 위해서는 '노블 리스 오블리주'(Noblesse Oblige) 정신이 강하게 요구되는 시대이기도 하다.

영국의 경우 왕실이 노블 리스 오블리주를 실천해 영국

국민들로부터 높은 신임을 얻고 있다. 영국 왕조는 군 복무에 충실한 것으로 유명하다. 지금도 윌리엄 왕세손은 영국 공군에서 수색구조 조종사로 근무하고 있고, 해리 왕손은 아프가니스탄 진지에서 현역 전투병으로 지원 근무했다. 엘리자베스 여왕도 1945년 제2차 세계대전 당시 전장에서 구호품을 전달하는 부서에서 운전훈련을 받은 바 있다.[59]

프로 바둑기사 조훈현 9단은 입대 전까지만 해도 나약하기 이를 데 없는 샌님이었다. 어릴 때부터 바둑판 앞에만 앉아 있어 철부지였던 그는 일본에서 바둑수업을 접고 귀국, 공군에 자진 입대했다. 그리고 그는 야무진 공군 사병으로 거듭나 전투(그는 바둑을 이렇게 부르고 있다)에 나가 높은 승률을 기록하며, 조훈현식 날카로운 바둑세계를 구가했다. 지금도 조훈현의 바둑은 빈틈이 없고, 기회를 포착하면 놓치는 법이 없으며, 순탄함보다 모험적으로 돌진하는 행마로 바둑 팬들의 감탄을 자아내게 한다.[60]

---

59 『동아일보』, 2012.6.2.
60 『국방일보』, 2002.5.3.

군대에 속해 있을 때는 군 복무가 사회적으로 얼마나 인정을 받는지 체감하기 어렵다. 하지만 군 복무를 당당히 마치고 난 후 사회에 다시 발을 딛게 되는 순간부터 자신의 존재 가치를 실감하게 된다. 아직 한국 사회는 군 복무자에 대한 존경과 배려가 부족하지만, 군 복무자에 대한 사회적 인정은 뚜렷한 현상이라 할 것이다.

국가를 위해 봉사한 사람에 대한 국가적 보상과 사회적 인정도 필요하다. 헌법이 보장하는 평등권의 침해가 없도록 병역의무를 포함하여 다양한 종류의 봉사에 대해 보상하는 방안이 국민적 합의하에 추진될 필요가 있다.

3. 국방의무를 수행하는 올바른 자세

1) 국가수호의 사명감과 자부심

우리나라의 병역제도는 징병제(의무복무제)를 채택하고 있다. 즉 병역은 헌법상 국민의 기본적인 의무로 규정되어 있는 것이다. 따라서 대한민국의 국민은 여성을 제외하고 누구나 군 복무를 해야 한다. 그런데 병역제도가 개선되기 전에는 현역과 공익근무요원을 제외하고 적지 않은 면제자가 발생하였고 이 과정에서 일부 불법과 편법이 있었다.

그러나 한편에서는 질병이나 학력미달로 병역면제 판정을 받은 청년들이 병을 고치거나 학력상승 이후 자원입대하는 경우도 있고, 특히 해외 영주권을 갖고 있는 교포 청년들이 기득권을 포기하고 군에 입대하는 일이 잦아 밝은 희망을 던져주기도 하였다.[61]

---

61 2007년부터 2012년 까지 국외영주권자들은 1,038명이 자원입대한 것으로 나타났다. 『세계일보』, 2012.9.5.

육군수도포병여단 본부근무대 정보통신과에서 무전병으로 복무하는 허승범(31) 일병은 입대 전까지 한국인이 아니었다. 미국에서 학업과 일을 병행하던 아버지와 미국 영주권자인 어머니 사이에서 태어난 미국 국적의 엘버트 리 허였다. 태어난 것만 미국이 아니라 미국에서 중·고등학교는 물론 대학까지 마쳤다. '엘러간'이라는 미국 제약회사에서 직장 생활도 했다.

소위 '있는 집 자식들'이 갖은 편법을 동원해 국방의 의무를 회피하려고 하는 현실에 비해 중견기업가의 집안에서, 그것도 국방의 의무를 지지 않아도 될 미국시민권자가 한국인의 피가 흐르는 젊은이로서의 책임을 다하겠다고 자원해 지난 2011년 6월 군에 입대했다.

허 일병은 "이등병 시절에는 많은 혼란이 있었지만 지금은 그런 과정을 이겨내면서 누구보다 강한 정신력으로 무장했다"며 "제대 후에 어떠한 힘든 상황이 닥치더라도 침착하게 이겨 낼 자신감이 생긴 것은 군에 와서 얻은 가장 큰 선물"이라고 말했다.[62]

이 같은 젊은이들의 태도변화는 병역을 의무로만 여겨 기피하던 과거와는 달리 이제는 군에서 자신을 한층 더 성숙시킬 수 있다는 자신감을 습득하면서 나온 것으로 신세대의 변화된 태도를 보여주고 있는 것이다.

한국 여성들의 보이지 않는 끈기와 저력은 한국 전쟁시에도 유감없이 발휘되었다. 6·25전쟁이 발발하자 여성들은 누란지위의 국가를 수호하기 위해 스스로 육·해·공군에 자원입대하여 전후방에서 전투 및 근무지원을 수행하거나 심지어 각종 유격대에서도 실제 전투를 수행하였다. 즉, 이들은 현역으로 입대한 간호장교와 여자의용군으로서, 군번과 계급없이 자원입대한 여자 학도의용군으로서, 그리고 각종 민간단체 및 유격대 대원 등으로서 직접 전투를 수행하거나 전쟁지원활동을 수행하였다. 이중 공식적으로 여군에 편성된 인원은 약 1,510여명 정도였으나, 군번과 계급 없이 구국투쟁을 전개한 규모는 10만 여명을 상회하는 규모였다.

육해공군에서는 여군의 역할을 강화하기 위해 각각 여자의용군을 창설하였다. 육군은 1950년 9월 1일 부산 제2훈련

---

62 『국방일보』, 2012.5.14.

소에서 여자의용군 제1기생 491명을 탄생시켰으며, 이어 동
년 12월 8일에는 제2기 383명을 배출하였다. 육해공 여자의
용군들은 전쟁 동안 주로 행정지원, 공산여군포로 심문, 선
무공작, 공비귀순 전향 등의 임무를 수행하였다. 여자의용
군 중 1950년 11월 24일 정훈대대가 발족되자 장교 31명, 사
병 50명이 편성되어 활동하였으며, 곽용순은 후방공비귀순
공작을 전개하던 중 적탄에 맞아 장렬하게 전사하였다. 또
한 51년 11월 4일 여군예술대 제1, 제2기 50명이 선발되어 군
악, 연극, 무용, 국악 등으로 전선을 오가며 선무활동을 수행
하였다.[63] 특히 1사단에서 대북방송요원으로 활동한 학도의
용군 금숙희 씨는 다부동 전투에서 귀순권고방송으로 북한
군 작전참모 강창남 소좌를 포함한 45명을 귀순케 하는 결
정적 역할을 했다.[64]

---

63 하재평, "한국 전쟁시 국가 총력전 전개 양상: 참전단체 및 조직의 활
    동을 중심으로", 『전사』 (제3집) 국방부 군사편찬연구소, 2001.
64 『국방일보』, 2012.6.25.

비록 여성이지만 그들은 국가를 수호하고 평화를 지키는 권리와 의무는 남녀가 따로 있을 수 없고 대한민국 국민 모두에게 있다는 것을 극명하게 보여 주었다.

2) 복무수행의 자세와 각오

병은 일정기간만 군에 복무하고 곧바로 복귀하여 시민생활을 영위하게 된다. 그리고 병이 수행하는 임무는 위험하고 고되면서도 군의 임무 수행에 가장 중요한 초석이 된다.

병은 일정기간 제복을 입은 군인의 신분이지만 국민의 일원이며, 그가 군인으로서 수행해야 할 국방의 의무에 배치되지 않는 한 일반 국민이 누리고 있는 기본권을 박탈하지 않는다.

그렇다면 병의 국방의무 수행이 왜 신성한가? 그것은 어떤 보수를 받기 위해서가 아니라 오직 국민으로서 도리를 다하기 위해 국방의무를 이행하며, 적어도 나라와 겨레를 전쟁의 위협으로부터 지킨다는, 그리고 이를 위해 필요하다면 자기의 가장 소중한 목숨까지도 바칠 수 있다는 동기에서 복무하기 때문이다.

개그맨 김병조씨는 군에서 활동한 경험이 바탕이 되어 성공한 사람이다. 지금도 장병들을 찾아 충·효·예교육 특강을 하면서 《명심보감(明心寶鑑)》 성심(省心)편에 나오는 문구인 불경일사불장일지(不經一事不長一智, 한 가지 일을 경험해 보지 않으면 한 가지 지혜가 늘지 아니한다)를 언급하며 군 생활이 지혜의 밑바탕임을 강조한 적이 있다. 아울러 군 생활의 경험을 소중히 간직하기 위해 군 생활 자체를 즐기면서 능동적인 자세로 군복무에 임해 줄 것을 후배들에게 당부하고 있다.[65]

병은 군에 복무하는 동안 개인적인 불이익을 감수해야 한다. 일정기간 학업도 중단해야 하고, 취업도 보류해야 한다. 그렇다면 그에게 돌아오는 대가는 무엇인가? 간부들처럼 보수나 군에서의 승진은 아닐 것이다.

그것은 군복무에 대한 긍지와 보람일 것이다. 국가를 수호하고 국민의 안전을 보장한다는 사명감과 자부심은 군 복무 때뿐만 아니라 전역 후에도 뿌듯한 경험으로 남을 것이다. 아울러 자기계발 기회를 십분 활용하여 군대에서의 시

---

65 『국방일보』, 2002.5.3.

간은 허비하는 곳이 아닌 자아실현을 위한 시간이라는 인식을 통해 군 생활의 보람을 찾을 수 있다.

한편, 군대에서 자신의 재능을 군과 사회에 기부함으로써 군과 사회에 공헌하는 이타적 자아를 강화시키고 군 생활의 보람을 찾을 수 있다.

군복무에 대한 보람과 긍지를 느낄 때 군대는 사기가 올라가고 군기가 엄정하게 세워지며, 적보다 강한 전투력을 발휘할 수 있다. 군인은 뚜렷한 사명감과 긍지와 보람을 가지고 있을 때와 억지로 군대에 끌려왔다는 기분으로 군복무에 임할 때와는 사기와 군기와 같은 전투력의 차이는 매우 크다 할 것이다.

병의 복무는 거의 법규와 상관의 명령에 따라 이루어진다. 병이 군복무를 충실히 수행하는가 여부는 그가 법규를 얼마나 충실히 준수하고 얼마나 성심껏 상관의 명령에 복종하느냐에 달려 있다.

그러나 법규를 준수하고 상관의 명령에 복종하는 것만으로 병이 할 일을 다 했다고 할 수 없다. 맡은 바 임무는 어떤 일이 있더라도 기필코 완수하고야 말겠다는 마음의 의지가 중요하다. 임무를 완수해내는 과정에서 인내심과 책임감도 향상된다.

군 복무 동안 게으르고 최선을 다하지 못하고 지내다가 전역한 뒤부터 성실하게 살아가겠다는 것은 사실상 어려운 일이다. 사회에서 멋모르고 철없이 지내다가 군에 와서 더욱 성실하고 적극적인 성격의 소유자가 되어 전역 후 크게 성공한 경우를 우리는 종종 목격한다.

따라서 어떤 동기에서 군인이 되었건 군복무를 마치는 그날까지 나라의 주인으로서 적극적이고 그리고 성실하게 맡은 바 일에 충실해야 할 것이다.

군대에서의 시간은 자기 자신과 가장 많이 대화하는 시간이고 자기 자신과 가장 철저하게 싸우는 시간이다. 어떻게 보면 무의미한 시간 같지만 자신을 되돌아보고 새로운 각성을 통해 과거와는 다른 참신한 자아로 거듭날 수 있는 좋은 기회이다.

군 생활에서 '나는 왜 이 자리에 서 있는가.에 대한 확신을 가져야 한다. 수난의 역사 속에서 조국을 위해 숨겨간 선배 전우들의 영령이 숨 쉬는 곳, 이곳을 지키기 위해 나는 지금 이 자리에 서 있는 것이다.

앞으로 수많은 후배들이 거쳐 갈 것이고 지금 내가 복무하는 덕택에 훗날 나의 후배들이 이 땅을 지킬 것이며, 나 또한 전역 후 후배들의 도움으로 자유로운 삶을 유지할 수 있을 것이다.

군 복무는 국민의 의무이기 때문에 이를 면제받는 것은 결코 특권이 되거나 명예로운 일이 아니라는 사실을 우리는 명심해야 한다. 전역 후 사회에 진출했을 때 군 복무 경험은 떳떳한 사회 구성원으로 인정받는 권리로 작용한다.

사회가 안정된 선진국일수록 과거 개인이 어떤 생활을 해왔는가 하는 기록이 중요시되고 이런 기록은 개인의 성공 여부에 크게 영향을 미치고 있다. 우리 사회도 군복무 여부 등 과거의 개인 기록이 자신의 장래에 중대한 영향을 미치는 시대가 도래하였다. 고위 공직후보자에 대한 청문회를 통해 그리고 언론의 검증에 의해 후보자들이 정식으로 임명되지도 못한 채 중도에 탈락하는 경우를 종종 확인하게 된다.

헌법에 명시된 국가의 구성원으로서 국민은 국방의 의무를 다해야 하며, 군 생활은 단순히 의무가 아니라 자유 대한민국을 적의 위협으로부터 수호해야 한다는 사명감과 자부심을 가지고 이루어져야 한다.

그리고 힘든 군 생활 속에서도 다양한 보람과 가치를 느낄 수 있는 적극적이고 능동적인 자세가 필요하다. 법규를 준수하고 명령에 복종하며 매사에 성실히 임함으로써 강인한 자아를 만들고 강한 군대의 초석이 될 수 있다. 나아가 대한민국 발전의 중요한 구성원으로 자리매김을 할 수 있을 것이다.

 **문답식 주제**

1. 여러분은 어떤 근거에 의해서 군 복무를 하고 있는 것인가?

국방의 의무는 민주국가의 국민으로서 당연히 지켜야 할 바이다. 대한민국 헌법(제10호 전부개정 1987.10.29), 제39조의 제1항에서 "모든 국민은 법률이 정하는 바에 의하여 국방의 의무를 진다"고 명시되어 있다. 그리고 이와 관련하여 헌법의 근거에 의거 병역법 제3조 1항에는 "대한민국 국민인 남자는 헌법과 법률이 정하는 바에 따라 병역의무를 성실히 수행하여야 한다고 명시되어 있다. 여자는 지원에 의하여 현역 및 예비역으로만 복무할 수 있다. 따라서 국방의무는 민주국가의 주인인 국민이 스스로 국가를 방위해야 할 충성의 의무이기도 하지만 동시에 법률이 정하는 바에 따라 병역에 종사할 법적인 의무이기도 하다.

2. 군대 기능을 수행하기 위해 각 나라들은 어떠한 병역제도를 유지하고 있으며, 우리나라의 경우 국방의 무는 어떤 의미를 갖고 있는가?

일반적으로 병역제도는 크게 징병제와 지원제로 구분할 수 있는데, 어느 것을 선택하느냐 문제는 그 나라의 역사, 국민성, 지정학적 여건, 국방상의 요구, 재정 및 산업을 기초로 하여 결정된다.

우리나라의 경우, 구한말 군대해산의 아픔을 겪었고, 일제 식민지시대를 거쳐 광복 후에는 좌우의 극한적인 대립 속에서 어렵게 창군하였으며, 곧이어 동족 간에 전쟁을 치루기도 했다. 그리고 남과 북의 군대는 지난 반세기가 넘도록 정전 체제하에서 비무장지대를 사이에 두고 첨예하게 대치해 왔다.

이러한 안보상황 하에서 우리 군은 징병제를 채택함으로써 병역자원을 효율적으로 획득하여 막강한 상비 병력을 갖추었고, 지금까지 대북 억제력을 굳건하게 유지해 왔다. 즉 우리나라의 병역제도는 징병제(의무복무제)를 채택하고 있다.